财富吸引力法则

张艳玲 /编著

民主与建设出版社
·北京·

©民主与建设出版社,2018

图书在版编目(CIP)数据

财富吸引力法则 / 张艳玲编著. —— 北京:民主与建设出版社,2018.1

ISBN 978-7-5139-1913-5

Ⅰ.①财… Ⅱ.①张… Ⅲ.①成功心理-通俗读物 Ⅳ.①B848.4-49

中国版本图书馆CIP数据核字(2018)第012823号

财富吸引力法则
CAIFU XIYINLI FAZE

出 版 人:	许久文
编 著:	张艳玲
责任编辑:	王 颂 袁 蕊
出版发行:	民主与建设出版社有限责任公司
电 话:	(010)59419778 59417747
社 址:	北京市海淀区西三环中路10号望海楼E座7层
邮 编:	100142
印 刷:	三河市天润建兴印务有限公司
版 次:	2018年4月第1版
印 次:	2018年4月第1次印刷
开 本:	710mm×1000mm 1/16
印 张:	17
字 数:	130千字
书 号:	ISBN 978-7-5139-1913-5
定 价:	39.80元

注:如有印、装质量问题,请与出版社联系。

前 言
PREFACE

生活是美好的，不管你现在的生活如何，从本质上来说，它还是可以更美好。只要你愿意，你可以拥有更丰富的生活经历；只要你愿意，你可以拥有更多的幸福；只要你愿意，你可以拥有更多的财富。我们应该坚信：通过学习，人人都可以获得成功。

无论我们是不是出生在富贵之家；不管我们是不是在学校名列前茅；或是什么身材、肤色、性别、信仰等等都不要紧。我们只要学会一些简单的法则，并且将它持之以恒地应用于实践，成功也不是那么难。

也许有人视金钱为粪土，但无论是谁都不能忽视金钱带来的幸福。古往今来，有多少人为之疯狂，为之慨叹。人们都想过上富足的生活，做自己想做的事。但是，并不是每个人都能拥有财富，我们经常看到很多追求财富的人最后不仅没有获得财富，甚至变得落魄、贫困、沮丧、失败。

那么，再看看我们身边的人，谁不想脱贫？谁不想过上一种充满安全感的生活，不必为巨额医疗费用、学习费用或生活费用发愁，做快乐而有意义的事情？遗

前 言
PREFACE

憾的是，大部分人都无法实现这个目标，他们为财富奔波，但依旧没有一处宜居之所，没有足够的财富支持见识这个丰富多彩的世界。

到底是什么影响了财富的获得？为什么有的人能通过自己的双手创造可观的财富，让家人过上富足的生活，而有的人却无论多么努力都依旧在为生存奔波？有的人将这种差距归功于知识的多寡，有的人将其归功于个人能力的强弱，更有的人将其归功于生活大环境的影响……但我们有没有静下心来仔细思考一下，到底是什么原因造成了自己与财富的距离？

不少前辈都给过我们忠告，要想获得成功，我们必须有明确的目标、积极的心态，付诸实际行动，并持之以恒地相信我们的努力终会带来想要的财富，想要的生活。只要一个人肯积极地付出努力，他就会获得自己想要的成功。同时，没有人永远能在成功以后躺着不动就能获得更大的成功，他必须再付出努力，让自己的人生更上一层楼。

总之，你想拥有更多成就，更多的财富，就需要从自身来挖掘，不仅要塑造自己该有的好习惯和积极的思维方式，还要兢兢业业、任劳任怨，为自己的成功铺路。

前 言
PREFACE

本书中，我们将展示强大的财富吸引力法则，通过你的财富和资产，你身体的灵活性、高矮、体形，你的工作环境，你被对待的方式、工作满意度、奖励，等等方面改善自身，向成功靠近。

目 录
CONTENTS

第一章
追求财富，首先要有积极的心态

001

01 不同的心态，不一样的结果 / 002
02 用积极的心态塑造未来 / 008
03 用诚实的心态追求财富 / 016
04 诚信的人才能长久地走在致富路上 / 019
05 有梦想才能成就杰出 / 024
06 不要等着幸运从天而降 / 029

第二章
我思考，我致富

035

01 致富要有正确的思考方法 / 036
02 多看出一步，往往就是赢家 / 040
03 积极的思考会带来成功致富的机会 / 047
04 要招徕财富，不要抗拒财富 / 053
05 不妨换个角度思考 / 057
06 富人与穷人只有一线之隔 / 060

第三章

追求财富，要制订合理切实的目标

065
01 有了目标，内心的力量才有方向 / 066
02 目标一定要适合自己 / 073
03 致富的路上没有捷径 / 077
04 将目标"化整为零" / 082
05 给实现目标设立一个最后的期限 / 087
06 全身心地投入 / 091
07 立刻去做，绝不拖延 / 096

第四章

富人是这样炼成的

099
01 把别人的批评当作前进的动力 / 100
02 专注于自己的事业 / 104
03 把吃亏当成占便宜 / 109
04 磨炼体验最值钱 / 113
05 合作生存，既赚吆喝又赚钱 / 117
06 仗义守信，和气生财 / 121
07 抓住机会别放手 / 124
08 一定要清楚自己的家底 / 127
09 每天多走一英寸 / 130

第五章
敢于创新才能赢得未来

135

01 一个触摸的瞬间，产生难忘的灵感 / 136

02 打破一切常规 / 142

03 发现你的创新潜能 / 147

04 有品牌才能赚大钱 / 154

第六章
不仅富有，而且拥有魅力

159

01 修炼迷人的个性 / 160

02 学会倾听别人的心声 / 163

03 把荣耀留给别人，把利益留给自己 / 167

04 微笑是带给别人的一缕阳光 / 171

05 为自己辩解不如主动认错 / 175

06 善待别人就是善待自己 / 179

第七章
为自己营造一个和谐的人际氛围

183

01 站在对方的角度看问题 / 184

02 惩罚和责备别人是愚蠢的自傲心在作祟 / 188

03 巧妙地给别人机会 / 193

04 傲慢粗野不是成功者的作风 / 196

05 保住别人的面子 / 203
06 远离恶性竞争 / 208

第八章

从失败那里挖到金矿

213

01 在失败中崛起 / 214
02 埋怨沮丧只能说明你无能 / 220
03 事业的成败就掌握在自己的手中 / 226
04 成功的字典里没有"放弃"二字 / 234

第九章

钱是好东西，懂得珍惜更要善于施舍

243

01 把储蓄当作一种习惯 / 244
02 真正的富人懂得谦卑为怀 / 249
03 用别人的钱做更多的事 / 254
04 有钱一定要多做善事 / 258

第一章
追求财富，首先要有积极的心态

乐观上进的人，经过长久的忍耐与奋争，努力与开拓，最终赢得的将不仅仅是财富与掌声，还有那饱含敬意的目光。努力学习积极的心态吧，它是值得的，因为那是一切成功的重要因素。它能使你获得人生中有价值的东西；它能帮助你克服困难，发现自身的力量；它能帮助你走到你的竞争者的前面，把别人认为不可能的事变成现实。

01 不同的心态，
　　不一样的结果

我们正生活在一个前所未有的急剧变化的时代，这个时代，财富也以最快的速度累积或消失。也许你一夜之间就暴富了，也许一场金融危机到来就使你的财富迅速缩水，你从一个富翁转眼间就变成一个贫民。但是，不管你是否承认，每个人心里都渴望财富，不希望贫穷。甚至不得不承认富人活得充实、自在、潇洒，穷人过得辛苦、艰难，甚至乏味。

为什么会产生这样的结果？关键在于心态。

比较一下富人与穷人的心态，尤其是关键时刻的心态，我们就会发现"心态"导致人生惊人的不同。

有这样一个广泛流传的故事：很久以前，两个欧洲人到非洲去推销皮鞋。由于天气炎热，非洲人向来都是打赤脚。第一个推销员看到非洲人都打赤脚，立刻失望起来，"这些人都打赤脚，怎么会要我的鞋呢？"于是放弃努力，沮丧而回。另一个推销员看到非洲人都打赤脚，惊喜万分，

第一章
追求财富，首先要有积极的心态

"这些人都没有皮鞋穿，这皮鞋市场大得很呢！"于是想方设法，引导非洲人购买皮鞋，最后发大财而回。

这就是心态不同导致的天壤之别。同样是非洲市场，同样面对打赤脚的非洲人，由于心态不同，一个人灰心失望，不战而败。而另一个人满怀信心，大获全胜。

生活中，贫穷者更多的是心态有问题。"我是'贫二代'，我没有当官的老爹，没有有钱的老爸，这个时代机会太少了。"于是，遇到困难，他们便挑选倒退之路。"我不行了，我还是退缩吧。"结果陷入贫困，愈陷愈深。富人遇到困难，却以积极的心态思考，"大江大河都闯过来了，还有什么可怕的"，"我有很多资源，一定会有办法的"，富人用这样积极的意念鼓励自己，想尽办法，不断前进，直至达到自己想要的目标。

成功学大师拿破仑·希尔认为，一个人能否致富，关键在于他的心态。富人与穷人的差别在于富人有积极的心态，而穷人则以消极的心态面对人生。以积极的心态支配自己人生的人，就会积极奋发、进取、乐观，就能正确地处理人生中遇到的各种困难、矛盾和问题。以消极的心态支配自己人生的人，就会悲观、消极、颓废，不敢也不去积极解决人生中所面对的各种问题、矛盾和困难。

有些人喜欢说自己现在的境况是别人造成的，环境决定了他们的人生位置。但是，我们要说我们的境况不是周围环境造成的。说到底，如何看待人生，由我们自己决定。纳粹德国某集中营的一位幸存者维克托·弗兰克尔说过："在任何特定的环境中，人们还有一种最后的自由，就是选择自己的态度。"马尔比·D. 马布科克说："最常见同时也是代价最高昂的一个错误是认为成功有赖于某种天才、某种魔力、某些我们不具备的东西。"可是我们必须坚信成功的要素其实掌握在我们自己的手中，成功是运用积极的心态导致的结果。一个人能飞多高，其他因素并不重要，而是由他自己的心态所制约。心有多远，路就能走多远。

总之，我们的心态在很大程度上决定了我们的财富，这基于以下的认识：

（1）我们怎样对待生活，生活就怎样对待我们。

（2）我们怎样对待金钱，金钱就怎样对待我们。

（3）我们对待一项任务的心态决定了最后有多大的成功，这比任何其他因素都重要。

心态积极的人说，我们的环境——物质的、心理的、感情的、精神的——完全由我们自己的态度来创造，并且创造它并不难。

成为富人是很多人的梦想。要想成为富人，首先应该认识你的隐形护身符。我们每人都佩带着隐形护身符，护身符的一面刻着积极的心态，一

第一章
追求财富，首先要有积极的心态

面刻着消极的心态。这块隐形护身符具有两种惊人的力量：它既能吸引财富、成功、快乐和健康，又能排斥这些东西，夺走生活中的一切。这两种力量的第一种是积极的心态，它可以使人登峰造极，而第二种力量是消极的心态，它使人终生陷在谷底，即使爬到巅峰，也会被它拖下来。

心态对人生如此重要，那它又是如何影响人的呢？按照行为心理学来说，当你有一种信念或心态后，你把它付诸行动，就更能加强并助长这种信念。举个例子吧，你有一个信念，就是你能够很好地完成自己承担的工作，你就会觉得你在工作中很有信心，你常常这样想，并在实践中想方设法去做好工作，信心就会更强。这就是你的行动加深了你的心态。又比如说，你欣赏一个人也是这样子的，你喜欢他，你就会主动地去与他沟通交往，之后你会不断地发现这个人的优点，从而更喜欢这个人，这是情绪和行为相应的一种反映。同样，对于你自己，你很喜欢自己，或你很不喜欢自己，也是这样的。当一个心态存在以后，你的行为会加深它。所以有的时候哭起来是越哭越伤心，这就是哭的行为促使人发泄情绪，彼此的因和果就混淆在一块了。所以一个人，当你认为自己是有能力的话，你就会觉得各方面只要经过自己努力就能取得成功。因为这个世界上没有任何人能够改变你，只有你能改变自己，也没有任何人能够打败你，只有你自己能打败自己。

无论你自身条件如何恶劣，只要你拥有积极的心态，并将它和有关成功的定律相结合，就可能达到成功的彼岸，成为一个富人。反之，无论你自身条件如何优秀，机会如何千载难逢，假如你运用消极的心态，总是抱着消极的态度，则你的失败是必然的。

态度会决定我们将来的机遇和财富，这是行之四海而皆准的定律。有了积极的心态，我们就会把心中的各种念头和计划变为事实，同样地，也能把富裕的梦想变成事实。

拥有积极的心态是许多杰出富人的共同特征。大多数人都以为财富是透过自己没有的优点而突然降临的，可实际情况或许是我们拥有这些优点却视而不见。最明显的往往最不容易看见，每一个人的优点正是自己积极的心态，一点也不神秘。

积极的心态是应该提倡的正确的心态，正确的心态是由"正面"的特征所组成的，比如信心、诚实、乐观、创新、创意、进取、慷慨、容忍、机智、决心与丰富的常识等。至于消极的心态，它的特性都是反面的，是消极、抱怨、悲观、颓废的不正确的态度。

当我们仔细地研究古今中外的富人，那些我们敬慕的成功人士，就不难发现，积极的心态正是他们共有的一个简单的秘密。如果我们没有成为富人的志向，我们也要培养积极的心态，因为这对我们的人生是有益的。一个拥有积极心态的人永远不会被命运压垮，相反，他会以淡泊宁静的心态对待自己、对待一切。那么，他的人生也是富有的。

如果老天爷不曾给你显赫的家世和接受高等的教育的机会，那么，"态度"就是唯一能使你胜出的金钥匙。美国总统克林顿、演员施瓦辛格、掀起服装革命的科科·夏奈尔等全是穷孩子出身，但他们都以100%的积极心态，为人生创造价值。

大师金言

不用惧怕富贵，有的人是生来的富贵，有的人是挣来的富贵，有的人是送上来的富贵。

——英国戏剧大师莎士比亚

02 用积极的心态
　　 塑造未来

　　1997年12月,英国路透社发出一张查尔斯王子与街头游民合影的照片。这是一段惊异的相逢。原来,查尔斯王子在寒冷的冬天拜访伦敦穷人时,意外遇见以前的足球球友——游民克鲁伯·哈鲁多。

　　克鲁伯说:"殿下,我们曾就读于同一所学校。"

　　王子反问:"在什么时候?"

　　克鲁伯说:"在山丘小屋的高等小学,我们曾经互相取笑彼此的大耳朵。"

　　克鲁伯·哈鲁多出身于金融世家,就读贵族学校,后来成为大作家。老天对他很厚爱,送他两把金钥匙:"家世"和"学历",让他很快可跨进成功者俱乐部。但是,两次婚姻失败后,克鲁伯开始酗酒,逐渐变为街头游民。

　　打败克鲁伯的并不是英国经济的不景气,而是他的态度。从他放弃积

第一章
追求财富，首先要有积极的心态

极态度的那一刻起，他就输掉了一生。

美国诗人亨利曾写过这样的诗句："我是命运的主人，我主宰自己的心灵。"

是的，只有你才是自己命运的主人，你是积极的心态还是消极的心态只有你才能把握，而你的心态塑造着你的未来，这是一条普遍的规律。我们能够把扎根于人的心灵中的思想和态度转化成有形的现实，不管这种思想和态度是什么。我们能很快把贫穷的思想变成现实，也同样能很快把富裕的思想变成现实。

曾经有两个囚犯，从狱中望向窗外，一个看到的是满目泥土，一个看到的是繁星满天。由此可见，面对同样的遭遇，前者持悲观失望的灰色心态，看到的自然是满目苍凉、了无生气；而后者持积极乐观彩红色心态，看到的自然是繁星满天、一片光明。

人的一生就像一趟旅行，沿途中有数不尽的坎坷泥泞，但也有看不完的春花秋月。如果我们的一颗心总是被灰暗的风尘所覆盖，干涸了心泉、黯淡了目光、失去了生机、丧失了斗志，我们的人生轨迹岂能美好？而如果我们能保持一种健康向上的心态，即使我们身处逆境、四面楚歌，也一定会有"山重水复疑无路，柳暗花明又一村"的那一天。

就现实的情形而言，悲观失望的人一时的呻吟与哀号，虽然能得到短暂的同情与怜悯，但自己不知道努力奋进，改变自己的命运，最终的结果只能是别人的鄙夷与厌烦；而乐观上进的人，经过长久的忍耐与奋争，努力与开拓，最终赢得的将不仅仅是财富与掌声，还有那饱含敬意的目光。

每个人的人生际遇不尽相同，但命运对每一个人都是公平的。窗外同样有泥土也有星光，就看你能不能磨砺一颗坚强的心，一双智慧的眼，透过岁月的风尘寻觅到辉煌灿烂的星星。先不要说生活怎样对待你，而是应该问一问，你怎样对待生活。

如果你对自己充满了自信，就会保持积极的心态，相信自己能够做成任何事情。患得患失以及根深蒂固的自卑心理都会影响到你的自我感觉，进而影响到你人生的成败。在个人奋斗的历程中，由于没有把握好自己的心态，我们就容易犯各种错误，也很可能因此而错失成功的时机。

一个很有趣的故事可以说明这一点。这个故事源自美国南方的一个州。过去，那儿住着一个樵夫，他给某一个人家供应木柴已经两年多了。这位樵夫知道木柴的直径不能超过18厘米，否则就不适合那家人的特殊的壁炉。

但是，有一天，他给这个老主顾送去的木柴大部分都不符合规定的尺寸。主顾发现后，就打电话给他，要他调换或劈开这些不合尺寸的木柴。

第一章
追求财富，首先要有积极的心态

"不，我不能这样做！"这个樵夫说道，"这样所花费的工价，就会比全部柴价还要高。"随后，他就把电话挂断了。

这个主顾只好自己去劈柴。他卷起袖子，开始劳动。这项工作进行了大约一半后，他注意到一根非常特别的木头。这根木头有一个很大的节疤，节疤明显地被人凿开过又堵塞住了。这是怎么回事呢？他掂量了一下这根木头，它的分量很轻，好像是空的，他就用斧头把它劈开了。一个发黑的白铁卷掉了出来。他蹲下去，拾起这个白铁卷，把它打开，他吃惊地发现里面包有一些很旧的50美元和100美元两种面额的钞票。他数了数，共有2250美元。很显然，这些钞票藏在这个树节里已有许多年了。这个人唯一的想法是使这些钱回到它真正的主人那里。他抓起电话听筒，又打电话给那个樵夫，问他从哪里砍了这些木头。这位樵夫仍以消极心态排斥他的老主顾。

"那不关你的事，"这个樵夫说，"如果你泄露了你的秘密，别人会欺骗你的。"老主顾尽管做了多次努力，还是无法知道这些木头是从哪里砍来的，也不知道是谁把钱藏在树心里。

这个故事告诉我们，具有积极心态的人更容易得到机会。好运在每个人的生活中都是存在的，然而，以消极的心态对待生活的人却阻止了好运造福于他。只有具有积极心态的人才会抓住机遇，甚至从厄运中获得利益。

我们注意到，那些真正成功的人都具备这样积极的心态，而且他们有能力使用积极心态的力量。我们人多数人总是盼望成功会以某种神秘莫测的方式从天而降，可是我们并不具备这样的条件，即使我们确实具备这些条件，我们也许会看不见它们。很明显的东西往往最容易被人忽视。

亨利·福特在取得成功之后，便成了众人钦慕的人物。人们觉得由于运气，或者有影响的朋友，或者天才，或者他们所认为的形形色色的福特"秘诀"——由于这些因素，福特成功了。毫无疑问，有几项因素是起了作用，但是肯定还有些别的什么东西在起作用。

许多年前，亨利·福特决定改进现在知名的V-8式发动机的汽缸。他想制造一个具有铸成一体的8个汽缸的引擎，于是指示工程人员去设计。可是，这些工程人员都一致地认为制造这样的引擎是不可能的。

福特说："无论如何要制造出这种引擎。"

"但是……"他们回答道，"这是不可能的。"

"工作去吧！"福特命令道，"坚持做下去，无论花费多少时间，直到你们成功为止。"

这些工程人员就工作去了。如果他们要继续当福特汽车公司的职员，他们就不能去做别的什么事。6个月过去了，他们没有成功。又过了6个月，他们依然没有成功。这些工程人员越是努力，这件工作似乎就越是"不可能"。

在这一年的年底，福特咨询这些工程人员时，他们的态度仍然是"无法实现"。"继续工作！"福特说，"我需要它，我一定要得到它。"

发生了什么情况呢？当然，制造这种发动机不是完全没有可能。后来福特V-8式发动机终于装到汽车上了，福特和他的公司把那些强有力的竞争者远远地抛到了后面，以致对手们用了好多年才赶上来。福特的积极心态的动力对所有的人都是适用的。如果你应用它，你像亨利·福特那样，把你的法宝转到正确的那一面，你也能把不可能的事里所蕴含的可能性变为现实，取得成功。如果你知道需要什么，你最终总会找到一种方法得到它。

假定一个25岁的人，在65岁时退休，他有大约10万个工作小时。在这

第一章
追求财富，首先要有积极的心态

些工作小时中有多少小时是与积极心态宏大的力量并存同生的呢？又有多少工作小时由于消极心态的令人昏厥的打击而失去了生命的活力呢？

每个人的内心深处都有寻求成功的欲望，成功当然离不开积极的心态，那么，你将如何运用积极的心态去达成你的人生目标呢？有些人似乎天生就会运用积极的心态，而另一些人必须学习才能运用这种动力。但是，你能够学会培养积极的心态。

有些人一帆风顺时使用积极的心态，当他们遭遇了挫折时，就丧失了信心。他们开始时是对的，但是某种"厄运"迫使他们把法宝翻转到错误的一面。他们无法认识到成功是持续不断地运用那些用积极的心态换来的。他们像那匹著名的老赛马"约翰·格里尔"一样。格里尔是一匹良种马。其实，它是很有希望在比赛中胜出的，它被精心地照料、训练，并被广告炒作：格里尔唯一能获得一个机会——击败在任何时候都占优势的竞赛马"战斗者"。

1902年7月，在阿奎德市举行的德维尔奖品赛中，这两匹马终于相遇了。那天是一个极为隆重的日子，起跑点万人瞩目。当这两匹马沿着跑道开始并列跑时，人们都清楚"格里尔"是在同"战斗者"做殊死的拼斗。跑了1/4的路程，它们仍然不分高低。在仅剩1/8的路程时，它们似乎还是齐头并进。然而就在这时，"格里尔"使劲儿向前窜去，跑到了前面。

这时是"战斗者"骑手的危急关头。他在赛马生涯中第一次用皮鞭持续地抽打着坐骑的臀部，"战斗者"的反应是——这位骑手似乎在放火烧它的尾巴。它就猛然向前飞奔，同"格里尔"拉开了距离，而"格里尔"好像静静地原地不动一样。比赛终结时，"战斗者"领先。

无疑，"格里尔"败在了情绪上。"格里尔"原是一匹精神昂扬的马，它的积极态度曾使它获得过一些胜利。但是这次却被打得惨败，以致再也不能东山再起了。后来它在其他比赛中都只是应付差事，始终没再获取胜利。

这个故事使人想起19世纪的美国，那是一个兴旺的时代，整整持续了100年，很多人在经济领域取得成功。他们以积极的心态开始他们的事业，结果他们成功了。可是当1929年经济危机袭来的时候，他们便遭遇了失败。他们破产了，他们从富人变成穷人。他们的态度也从积极转为消极。他们的法宝被翻到了"消极的心态"那一面。他们停止了努力，他们像"格里尔"一样，变成了一蹶不振的失败者。

有些人似乎在所有的时候都能充分使用积极的心态。有些人开始时使用，然后就停止使用了。但是，另一些人——我们当中的大多数人——根本没真正地开始使用对于我们很有用的巨大力量。怎么办呢？我们能否像一向学习别的技能那样学习使用积极的心态呢？当然能！

第一章
追求财富，首先要有积极的心态

大师金言

如果你想永远做个雇员，那么下班的汽笛吹响时，你就可以暂时忘掉手中的工作；如果你想继续前进，去开创一番事业，那么，汽笛仅仅是你开始思考的信号。

——［美］亨利·福特

03 用诚实的
心态追求财富

中国古代大思想家孟子宣称："诚者天之道也，思诚者人之道也。"天的法则无不诚实，要诚实地按照规律运作，没有不诚实的可能。但是，人的法则是"自己要诚实，让自己诚实"，这才是人类应走的正路。

在追求财富的过程中，也要有诚实的心态。里·布拉克斯登就是这样一个拥有诚实的心态并且最终成功的人。

里·布拉克斯登是美国北卡罗来纳州怀特维尔城人，他的父亲是一位勤奋的铁匠，有12个孩子，他是家中的第10个孩子。

里·布拉克斯登先生说："我在很小的时候就知道了贫穷。凭着艰辛的工作，我好不容易才念完了小学6年级。我曾经给人擦皮鞋、送货、卖报，在针织厂劳动，擦洗汽车，充当技工的助手。"

里·布拉克斯登结婚时只是一名技工，和妻子一起过着节衣缩食的生活。后来，他失业了，他的房子将被人夺走，因为他无力偿付抵押金。这

第一章
追求财富，首先要有积极的心态

似乎是一个绝望的境遇。但是，布拉克斯登是一个富有能力的人，他在经济萧条期间失去了工作和家庭，但他还是决定去追求他的财富。

他对自己说："我要选择一个明确的目标。当我确定目标时，我必须提出比过去更高的要求，但我必须尽快地开始。我要从我所能找到的第一份工作开始，并且要真诚地对待这份工作。"

里·布拉克斯登开始寻找工作，他找到了一份工作，这份工作开始时薪酬不高。但是，他仍然很努力地工作，后来，他建立了怀特维尔市第一国民银行，并成了该行的总经理，他又被推选为怀特维尔市的市长，并

且开办了许多成功的企业。里·布拉克斯登把诚实经商作为自己的行动指南，结果，他成功了，凭着自己的努力过上了富人的生活。

经商要有积极的心态，诚实、正直都是不可违背的公认的神圣准则。诚实是积极的心态所固有的，是人的高贵品质。

美国乔治亚州首府亚特兰大市联邦监狱里有一个叫阿尔·卡篷的人，当问到他是怎样开始犯罪生涯的时候，他只用一个词答道："需要。"他的眼睛流着眼泪，哽咽着叙说他所做过的一些好事，当然，这些好事同他所做出的坏事比较起来，似乎没有什么意义。

卡篷讲他的好事，是为了暗示他的善举可以在很大程度上弥补他的过错，这就清楚地表明他并没有从心底认识自己所犯的错误。一个罪犯想抵消他的罪恶只有真诚地忏悔，并努力在余生多做善事。卡篷不是这样的人，因而他不可能获得成功。

一个人是否成功取决于他的心态。成功者与失败者之间的差别是：成功者始终用最积极的思考面对一切机遇与挑战。他们以最诚实的态度对待自己的事业，以最乐观的精神和最辉煌的经验支配自己的人生。失败者则恰好相反，他们的人生充满了狡辩、自卑、不满、抱怨，以至欺诈，所以他们永远不能致富，不能成为富人。

大师金言

我的母亲最先教给我对人的热爱和为他人服务的重要性。她惯常说热爱人和为人服务是人生中最有价值的事。

——美国实业家亨利·恺撒

04 诚信的人才能长久地走在致富路上

诚信是人们的通行证，也是人应该具备的最基本的美德。人无信不立，特别是在现代市场经济中，良好的信誉会为你加分，会在成功之路上助你一臂之力。

古代有一位商人，生有二子，长子聪明，取名智人，次子憨厚，取名木星。商人临终时，嘱咐两个儿子说："商以德行，德以术胜，经商求术忌无德，切莫以术欺人，**害客害己**。"然后，他指派智人经营东南面客栈，指派木星经营西北面客栈。商人死后，两兄弟各管一个客栈，起初都能遵守父教，生意甚好。后来，智人觉得这样老实经商赚不了大钱，乃心生邪念，在酒中加水。一个月后，他比弟弟多赚3000文钱。木星向智人求教，智人不告之。但第二个月后，木星反比智人多赚3000文钱。智人怀疑木星也学会了加水，于是他在酒里加了更多的水。但到第三个月后，智人客栈里竟无人问津，木星酒店却生意兴旺。智人质问弟弟："吾智术皆在汝上，何以商不及汝？"木星回答说："兄智术虽数倍于我，但论德行可远远不及，你忘了先父临终遗言，商以德行，德以术胜，你酒里加水坑客害人，焉有不败之理。"智人后来虽想改邪归正，不再往酒里加水，但声誉已坏，生意一直清淡，只好远走他乡。

这个故事富于哲理，值得人们深思。有些人急于致富，但生意不好，除了经营管理方法等原因外，心术不正、欺骗顾客也是一个致命的原因。俗话说"巧作不如拙诚"，诚信的举措才是最好的招客之道。

如果你不以诚信为企业生命，你又如何指望自己获得商业上的成功呢？"温州货"的前后变化也深刻反映了这个道理。

改革开放之初，温州人以敏锐的头脑，率先走出改革的第一步，"温州模式"闻名全国。但随后不久，一部分温州人贪图小利而忘大义，生产出一批劣质产品，使消费者蒙受重大损失。温州货因为不讲信誉，付出了沉重的代价。

第一章
追求财富，首先要有积极的心态

20世纪80年代的某一天，在杭州一个广场，5000多双温州生产的所谓"一日鞋"或"晨昏鞋"等伪劣皮鞋被当众销毁，震惊全国。上海市商业局规定：南京路各商场不许卖温州货；南京消费者把温州人设在大商场的专柜给掀了；各大城市不少大商场挂出"本商场没有温州货"的大标语。温州货一度成了过街老鼠，人见人恨，人人喊打。后来，虽然温州人卧薪尝胆，连年苦战，以质量求信誉，但在一个相当长的时间里，人们对温州产品仍然心有余悸。虽然温州的皮鞋、低压电器等产品经过多次整顿，质量已大大提高，但人们还是信不过。温州企业只能"曲线求生"，寻找联营单位，打上人家的牌子出售，温州人每年仅为此付出的代价就有数千万元。

温州人从沉重的代价中警醒了，他们痛定思痛，决心告别伪劣，以诚信立业，在市政府的部署下，进行了一场持续3年、声势浩大的"打假"攻坚战。3年间全市共查处假冒伪劣违法案件5300多起，捣毁制假窝点909个，移送司法机关追究刑事责任101件，共计129人。温州动真格的了，谁制假就叫他倾家荡产！除了强硬的法制手段外，温州还开展了深入的教育活动，市政府提出"质量立市"，召开万人动员大会，让"质量兴则温州兴，质量衰则温州衰"的观念深入人心。于是，在温州市出现了一个全民抵制、打击"假冒骗"的群众性自我教育高潮，人们呼吁"声誉第一重，不赚昧心钱""救救温州货，救救温州城"。经过从上到下的艰苦努力，重塑温州形象，终于感动了"上帝"，温州货又取得了消费者的信赖。

温州市这场"质量革命"，实际上是一场重建信誉的革命，重新征服人心的战斗。温州人不光彩的历史已经过去，人们重新认可了温州人和温州货。到90年代，温州鞋城一片兴旺，温州皮鞋再次在全国皮鞋市场居领先地位。一批温州富人也由此诞生。

以诚为本，方可长远，以诚信为基，方可誉满天下。

有一家私营企业的老板，在创业之前家里一贫如洗，可是当他决定办厂时，邻里和朋友们都毫不犹豫地纷纷借钱给他，凑齐了几万元的启动资金。

有人不明白为什么会有那么多人敢把钱借给他这个没有偿还能力的人，这不是傻子吗？但他身边的人都知道，这个人虽然很穷，但他人穷志不短，很讲信用。

很多年以前，他和一位朋友打赌，谁输了，谁就把一大堆石头挑到1公里之外的地方去。结果他赌输了，他愿赌服输，真的将那堆积得像小山一样的石头挑到了1公里之外的地方。当时，所有的人都以为打赌是开玩笑，两个人谁输了都不会当真。但这个人说，既然打了赌，就得算数。他陆陆续续地挑了10多天，才将石头挑完。

人们因此对他十分敬佩，无不赞赏他是一个诚实守信的人。把钱借给这样的人，还有什么不放心的呢？

诚信对个人而言是价值，是高尚的人格魅力；对企业而言是效应，是不可估量的无形资产；对社会而言是财富，是不懈的动力支持。在经营活动中，要做到守信用、讲信誉、重信义，才能赢得巨大的社会效应，产生强势的影响力，而最终的结果是财富滚滚而来。正像李嘉诚所说："做生意要以诚待人，不能投机取巧。一生之中，最重要的是诚信。""我深刻感到，资金是企业生命的源泉；诚信则是生命，有时比自己的生命还重要。"李嘉诚讲诚信，所以他的事业才会那么辉煌，那么长久。

第一章
追求财富,首先要有积极的心态

大师金言

信用能够使一个人在任何时候、任何场合聚集起他的朋友们所用不着的所有的钱。

——美国政治家、科学家富兰克林

05 有梦想才能成就杰出

有一次，有人向一个非常成功的商人提出了一个问题："你一生中怎么做了那么多的事情呢？"他回答说："我一直有梦想。我放松身心，去想象我要做的事情。我上床睡觉的时候也想着我的梦。到了晚上，我梦到了我的梦想。早上起床的时候，我看到了让美梦成真的方法。其他的人在说：'你办不到的。那是不可能的。'但是我还是一如既往，努力获得成功。"

正如美国第28任总统伍德罗·威尔逊所说的："我们因梦想而伟大。所有的大人物都是梦想家。"他们能从春日柔和的薄雾里或是漫长冬夜的炉火中看到希望。我们有些人让这些伟大的梦想无疾而终，但是另外一些人却滋养、保护这些梦想，他们在时运不济的时候细心呵护梦想，直待到时来运转，阳光普照。好日子总是眷顾那些相信美梦终究成真的人。

如果你不满于现状，不甘于平庸，那么，请你环顾左右前后，你就能

第一章
追求财富，首先要有积极的心态

看到许多有机会的事物来。如果你有梦想，就算不能实现，也还是有其价值的，因为你的梦想可使你看到许多可能的机会，这是别人看不到的。

富人的童年时代大都是充满了各种幼稚的梦想。美国钢铁大王安德鲁·卡耐基15岁的时候，便对他那9岁的小弟弟汤姆谈论他的种种希望和志向。他说假如他们长大些，他要如何组织一个卡耐基兄弟公司，赚很多的钱，以便能够替父母买一辆马车。他们天天玩着这种游戏，自然而然地他们内心便保持着许多梦想。这种"假如"的游戏，总是催促他向前。等到机会真正来临的时候，他便在现实中紧紧抓住，最后他总是能将理想变为现实。

"你以为我做了司机便满足了吗？我的心愿是做铁路公司的总经理。"说这句话的青年在当时还没有做到司机，他在铁路上工作了两年之后，还只是在一辆三等火车上做一个加煤炭的工人，月薪40元。他说上面的那句话，是因为一个铁路上的老工人激起他说的。那个老工人对他说："你现在做了添加煤炭的工人就以为自己发财了吗？但是我老实告诉你吧，你现在这个位置要再做四五年然后才会升为大约月薪100元的司机。如果你幸运地不被开除的话，就可以一生安然地做司机。"

听这个话的青年是佛里兰。他听说自己可以得到一个安稳的工作并没有那么高兴。他所说的话，后来真的做到了。他一步一步地努力，后来做到大都会电车公司的总经理，因为他不满于一种安全稳定的工作。

志愿是由不满而来。这便成为一种梦想，然后勇敢地努力，把现实和梦想中间的鸿沟连接起来。

伟大的人物并不是空洞的梦想者，他们的志向来源于确切的事实。他们凭借着他们有目标的梦想使自己产生不满，又因不满而刺激他们努力奋斗以求成功。如果你并不觉得不满意，你便不会想改进你的现状，也就不会产生追求一种光明前途的理想。但是，如果你有了理想便满足了，只把理想作为实际生活失望时的一种安慰，那就错了。理想的用处就是用现在的事实，衬托出将来的可能性。

如果你只沉浸于遥远的理想，你就很难取得实质性的进步。美好的理想，必须同时有一种想改革现状以实现自己的理想的动力相伴随。

理想可以作为一种刺激，因为理想可以把你的现在和将来的大区别摆在眼前。理想对人来说，应该像是一种挑战，督促他改进现有的状况。如果一个人只是空想着成为一个大人物，或是以为自己已经是一个大人物，那么，他便不可能进步了。

聪明的人最初要划出路线来，照着路线从他目前的地位达到他想得到的地位。他在中途设立许多小目标，向最近的目标积极付出努力，因

第一章
追求财富，首先要有积极的心态

为这可以在比较短的时间内实现。他完成这个小目标的时候，看到了自己的进步，便感到很高兴。然后休息一会儿，又鼓起劲儿来，朝着第二个目标前进。

最后的大目标距离很远，恐怕只能隐约看见。最高的目标当然是模糊的，因为比起低的目标要远多了。人生就像爬山一样，你必须先有一种达到山顶的强烈欲望。但是如果你只是想，自己却站在山谷不走，你怎么会到达山顶呢？你只是悠闲地望着山顶，或是想象着你已经到了那里，那你绝不能达到山顶。你必须鼓起劲儿来，努力工作。

如果你只望着山顶，糊里糊涂地往上爬，不管前进路上的岩石，那么，你也不会到达山顶，你必须当心你眼前的脚步。你的目的地是山顶，山顶有时清楚，有时模糊，有时完全看不见，但是不管看见看不见，总可以给你最后的目标。你所要时刻注意的是眼前的步骤——如何越过石头，如何跳过溪流，如何绕过树根，如何避免从绝壁滑下去。

人类的愿望始于不满足。不满足是表示你需要更好的东西。你要注意这种愿望，因为它可以督促你向着好的方面努力。

不要怨天尤人，把你的不幸归咎于别人或外界的环境，由此发泄你的不满足。你应当让不满激发你，具备一种广阔的人生观。

志向并不是一种天赋，你应当想象到将来的种种发展，继而确定自己的志向。不可做一个空泛的梦想者。要知道如何从你现在的地位，切实地向着你想要达到的地位前进。

你要真实地认清你自己：你将来想做什么人，再看看你现在是什么人。

目标能刺激你把现在的工作做好。要把眼前的问题解决，才能够向着目标前进。把目标作为你的一个向导,指引你遇到各种问题时做出正确判断。不要总是想着达到目标时的那种满足,或是那个终结的时间。一个目标的实现应该是下一个远大目标的开始。

大师金言

如果一个人对你说:"我工作了,毫无结果。"你不要相信他。如果一个人说:"我还没干,就获得了成就。"你也不要相信他。如果一个人说:"我工作了,有所收获。"你可以相信。

——《巴比伦犹太教法典》

06 不要等着幸运从天而降

有人说李嘉诚经商致富一半靠幸运,一半靠智慧,但幸运绝不会从天而降,幸运是等不来的。

1979年10月29日的《时代周刊》说李嘉诚是"天之骄子",意思是李嘉诚有今天的成就多蒙幸运之神眷顾。英国人也有句话:"一盎司的幸运胜过一磅的智慧。"从李嘉诚的体验,究竟幸运(或机会)与智慧(及眼光)对一个人的成就孰轻孰重呢?"一盎司的幸运胜过一磅的智慧。"并不是说只等待幸运,而是说需要智慧地等待。

1981年,李嘉诚对这个问题发表看法:"在20岁前,事业上的成果100%靠双手勤劳换来;20岁~30岁之间,事业已有些小基础,那10年的成功,10%靠运气好,90%仍是由勤劳得来;之后,机会的比例也渐渐提高;到现在,运气已差不多要占三至四成了。"

1986年,李嘉诚继续阐述他的观点:"对成功的看法,一般中国人多会自谦那是幸运，绝少有人说那是由勤奋及有计划的工作得来的。我觉得成功有三个阶段。第一个阶段完全是靠勤奋工作，不断奋斗而取得成果；第二个阶段，虽然有少许幸运存在，但也不会很多；现在呢，当然也要靠运气，但如果没有个人条件，运气来了也会跑的。"

李嘉诚认为早期的勤奋，正是他储蓄资本的阶段，这也就是西方人士称为"第一桶金"的观念。

不过，在香港每天工作超过10小时、每星期工作7天的人大概不计其数，为什么他们勤奋地工作了数十年还没有出人头地呢？

可见，李嘉诚认为勤奋是成功的基础仍是自谦之词，幸运也只是一般人的错觉。从李嘉诚成功的过程看，他有眼光判别机会，找准方向然后持之以恒，而他看到的机会就是一般人认为的"幸运"。许多人只有平淡地过一生，可能就是不能判别机会，或看到机会而畏缩不前，或当机会来临时缺少"第一桶金"。也有人在机会来临时，因为斤斤计较目前的少许得失，把好事变成坏事，结果坐失良机。

从李嘉诚的经历中可以看出，勤奋和幸运都非常的重要。在创业之初的资本积累阶段，勤奋尤其重要，但最重要的是判断机会的眼光和把握机会的能力。

香港经济评论家评论李嘉诚的成功与成名时说："一方面是努力令长江实业成为出人头地的公司，这个过程，包括克己奉公、全心全意，以及在合适的时间，以个人的财力去资助公司的发展。在香港这个冒险家的乐园和急功近利的社会中，董事们使用公司资金不是新闻，能够将盈利点滴归公，以及由主席以优惠的方式贷款给公司发展，才是大新闻。"

一些观察敏锐的股评作者和财经记者最先观察到这一点，并撰文加以推崇。

"个人品德的高尚,再加上事业的成功,令李嘉诚逐渐成为大众心目中的成功人物。"

"香港人提到李嘉诚,多少带有尊崇的意味,和提及其他知名度不低的富豪时,颇有不同。"

李嘉诚——当代商人的典范

"李嘉诚可说是长江实业一项难以估量的资产。"

由此可见,不贪图一己私利,而全力去发展公司,是李嘉诚成功的原因之一。其实,公司发展了,作为大老板当然也会盈利丰厚。但贪图小利,是近视的短期行为,可谓是拣了芝麻丢掉了西瓜。李嘉诚的做法正好相反,他是丢掉芝麻抱起了西瓜。难怪说,长江实业最珍贵的财产就是李嘉诚。这就无怪乎香港人提到李嘉诚,多少带有尊崇的意味了。

李嘉诚的超人天才一在地产,二在股市。

李嘉诚在回答记者请教其房地产经营中的心得时说："不能说是心得，只是告诉你们我的做法。我不会因为今日楼市好景，立刻购下很多地皮，从一购一卖之间牟取利润。我会看全局，例如供楼的情况、市民的收入和支出，以至世界经济前景，因为香港经济会受到世界各地的影响，也受国内政治气候的影响。所以在决定一件大事之前，我很审慎，会跟一切有关的人士商量，但到我决定一个方针之后，就不再变更。

　　"我会贯彻一个决定，我在差不多99.9%的工程上做到这一点。譬如以过去数以百计的地盘而论，更改的情况可以说是绝无仅有。我不会今日想建写字楼，明日想建酒店，后天又想改为住宅发展。因为我在考虑的期间，已经着手仔细研究过。一旦决定了，就按计划发展，除非有很特别的情况发生。我知道香港有的人把几万尺的一个地盘，可以把计划更改几次，十几年后才完成，有些人喜欢这样做，但我负担不起。"

　　李嘉诚还就作为一个企业的领导，应该如何实施政策给予一些建议和总结。他说："作为一个庞大企业集团的领导人，你一定要在企业内部打下一个坚实的基础。未攻之前一定先要守，每一个政策的实施之前都必须做到这一点。当我着手进攻的时候，我要确信有超过100%的能力。换句话说，即是本来有100的力量足以成事，但我要储足200的力量才去攻，而不是随便去赌一赌。

　　"这个道理就像游泳一样简单。我的泳术很普通，扒艇也很普通。如果我要到达对岸，我要确信我的能力不是仅可扒到对岸，而要肯定有能力扒回来。等于我游泳去对面沙滩，我不会想着游到对面沙滩休息，我要预备自己游到对面沙滩，立即再游回来也有余力，我才开始游过去。在事

第一章
追求财富，首先要有积极的心态

先，我会常常训练自己，例如记录钟点和里数，充分了解自己才去做。

"中国古代的生意人有句话，'未购先想卖'，这就是我的想法。当我购入一件东西，会做最坏的打算，这是我在99%的交易前所想的事情，只有1%的时间，是想会赚多少钱。

"因为这时候来说，多大的实力也是假的。作个比喻，你的风帆高扬，而风帆处于正常时，即使那艘船不算太小，但当风向不定的时候，也随时可以覆舟。

"所以我凡事必有充分的准备然后才去做。一向以来，做生意处理事情都是如此。例如天文台说天气很好，但我常常会问自己，如5分钟后宣布typhoon signal number ten（十号风球）我会怎样，在香港做生意，亦要保持这种心理准备。"

"生于忧患"是李嘉诚观念的诠释和印证。

一个成功者，一个别人眼中羡慕至极的大商人，绝不仅仅凭的是天才、超人智慧、勤奋、吃苦耐劳，或者说凭机会等。光凭其中的任何一个元素都不能造就一个成功者，一个举世的超人靠的是各种因素的积累，靠的是总体的实力与用人的巧妙、做人的高尚。

有人爱等待"幸运之神"的光临，总以为只要等待，就会有成功的机会，这种坐等成功的态度是幼稚的，也会无所获的，最后成为"守株待兔"者。有的人正好相反，他们敢于主动出击，自己凭智慧去找幸运，这是一种积极进取的人生态度。《孙子兵法》中讲究以智谋事，同样，商人最可贵的不是手中的钱，而是智商——智商可以把办不成的事办成，把挣不到的钱挣到。就像李嘉诚所说的，"经商不是靠蛮力，而是靠智力。"

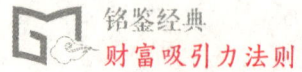

大师金言

富人也要热爱工作,就是说,一定要干一些有价值的事。不要闲着——因为空闲是一切麻烦的导因。

——麦纳海姆·本·所罗门

第二章
我思考，我致富

　　在一双未受训练的眼睛看来，水晶矿石只不过是一块普通的石头。但在地质学家的眼中，却能看出在矿石的内部蕴藏着美丽的水晶。你也可以把自己训练成为一个具有敏锐眼光的地质学家，去发现水晶矿石中美丽的水晶。

01 致富要有正确的思考方法

　　运用正确的方法思考是我们达成目标的关键所在。这个世界上所有成就最伟大事业的人，都是因为运用了正确思考的能力，当然，富人也不例外。思考在支撑和构筑着所有的成就，一个正确的思考的人总是能够创造条件使心中的愿望得以实现。他知道，没有什么事情会自动发生，因此他总是主动地去推动事情的发生。你最好在心理上做个准备，使自己了解，要想成为一个有正确思考方法的人，必须具备顽强坚定的性格。思考方法正确，有时也会受到某种力量的暂时性惩罚，对于这一事实毋庸置疑，但是，由于思考方法正确最终所获得的补偿性报酬将是如此之大，因此，你将会很乐意接受这项惩罚，它会给你带来巨大的财富。

　　造物主为每个人都提供了成为人生佼佼者的机会，只要我们能够正确地思考，便能从人生的漫漫征途中发现属于自己的那份辉煌。那么，怎样才能养成正确的思考方法呢？

第二章
我思考，我致富

首先要培养注意重点的习惯。其次要看清事实，尊重真理，正确评价自己和他人，另外还要善于投资，要有建设性的思想。

在你成为一个拥有正确思考方法的人之前，你必须知道并谅解这一事实，即无论在什么行业，当一个人担任领导职务时，反对者就开始散布"谣言"，传播闲话，对他展开攻击。不管一个人的品行多么好，也不管他对这个世界有多么卓越的贡献，都无法逃过这些人的攻击，因为这些人喜欢破坏而不喜欢建设。如果你尚未超越"我从报上看到"和"他们说"的层次，那么，你必须十分努力，才能成为一个思考方法正确的人。当然，很多真理与事实都包含在闲谈与新闻报道中。但是，思考方法正确的人并不会把他所看到的以及听到的全部接受下来。

思考方法正确的人会定一套标准来指引自己，他时时遵从这套标准，不管这套标准能否立即为他带来利益，或是偶尔还会带给他不利的情况。因为他知道，最终，这套标准一定会使他达到成功的顶峰，助他达到生命中的明确而主要的目标。

为了获得正确的思考方法，不妨主动地去阅读一些有关人类意识能力的优秀书籍，并学习人类意识如何能够发挥惊人的功能，使人保持健康和快乐。我们可以看到，错误的思考方法会对人类产生极为可怕的影响，甚至迫使他们发疯。我们应该去发掘人类意识所能从事的善事。因为人类意识不仅能够治疗心理失常，也能治疗肉体疾病。

作为一个拥有正确思考方法的人，利用事实是你的权利，也是你的责任。许多人之所以失败、退却，主要是由于他的偏见与怨恨，使他低估了敌人或竞争者的优点。一位思考方法正确的人必须有点像一名运动员——他必须很公正（至少对自己），能够找出别人的优点与缺点，因为所有的人都是同时具有各种各样的优点与缺点的。

洛克菲勒有一项特别突出的长处,像一颗闪亮的星星般突出于他其余的长处之上,那就是他坚持以事实作为他的商业哲学的基础,并且他只习惯于同他终生创业有确实关系的事实打交道。有些人说,洛克菲勒有时对待他的竞争者并不公平,但是,从来没有任何人(甚至连他的竞争者)指责洛克菲勒对他对手的实力"轻易判断"或"估计过低"。他不仅能一眼看出与他的事业有切身关系的事实,而且,他还会主动去寻找它们,一直到把它们找出来为止。

一个人如果知道他是凭着事实工作,那么,他在工作时将使人产生自信心,这将使他不会踌躇或是等待。他事先就知道,他的努力将会带来什么结果。因此,他的工作效率比其他人高,成就也将胜过其他人;其他人则必须摸索前进,因为他们无法确定自己所从事的工作是否合乎事实。

接受教育是我们获得正确的思考方法的途径之一,而真正的教育是值得我们去投资的那种教育,它可以发挥我们的智慧。

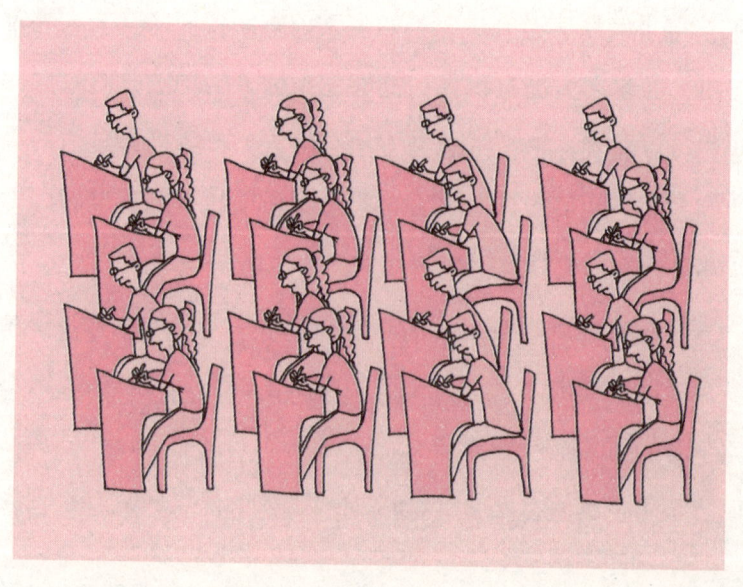

第二章
我思考，我致富

任何足以改善思考能力的事情都是教育。但是对于大多数人而言，接受教育的最佳场所，就是各种大学与专科学校，因为教育本来就是这些学校的作用与专长。如果你还没念过大学，很可能急着进去就读。当你看到大学中种类繁多的课程时会很高兴，当你发现工作之余还来念书的都是些什么人时会更高兴。这些学生不是为了文凭才念书，他们都是很有作为的中坚分子，有些人地位已相当高了。学位只是一张薄纸而已，并不是他们念书的目的。他们花了许多金钱、时间和精力来读书，是为了进一步锻炼自己的头脑，因为这对他们来说是将来最扎实、最可靠的投资。

尽量从那些成功人士身上挖掘能使你自己也成功的线索，好好地给自己的将来做投资吧！从现在开始！

大师金言

"我不相信我可以欺骗他人，因为我知道我不能欺骗我自己。"这句话可以做你的座右铭。

——美国成功学大师拿破仑·希尔

02 多看出一步，
　　往往就是赢家

　　世事如走棋，能多看出一步的人，往往就是赢家，假如人们都能深思熟虑，高瞻远瞩，也许每个人的命运都会大大地改观了。实际上，人生是由每个小阶段小步骤组成的。在实际工作中，在准备完成每项工作和计划时，多问一下自己——你能想到第几步？

　　《太平广记·治生篇》记载的唐人裴明礼，就是这样的一个善于走一步看几步的人。有一次，裴明礼看到城中金光门外有一片大水坑，卖价极便宜。裴明礼从水坑的地理位置和今后发展的趋势，预算到了它的价值，随即将这个大水坑买了下来。接着，裴明礼命人在水坑中央竖起一根大木杆，上面吊了一个筐子，张贴了这样一则广告：凡用砖石击中筐子者，赏钱一百。这则广告一时轰动全城，许多人都去那里击筐领赏，连过路的行人都随手以石投击一下。但是杆高筐小，命中率很低，砖石大都掉入水坑，不久水坑即被填满。当然，没有人得到这份赏钱。

第二章
我思考，我致富

裴明礼张贴这则广告的真正目的并不是赏钱。他在这片被填满砖石的土地上搭起牛羊棚圈，供贩卖牛羊的商人们使用，很快牛羊粪便堆积成山，春耕时他把粪肥售予农家，得钱一万多贯。几年后，裴明礼又在这片土地上盖起房屋、院落，并栽花、养蜂，收取蜂蜜出售，赚的钱越来越多。

裴明礼的高明之处就在于能见微知著，做生意有预见性，并主动积极地去创造条件，促成事物的转化。

还有这样一个广为流传的故事。

张扬和李伟差不多同时受雇于一家超级市场，开始时大家都一样，从最底层干起。可不久张扬受到总经理的青睐，一再被提升，从埋货员直到部门经理。李伟却像被人遗忘了一般，还在最底层混。终于有一天，李伟忍无可忍，向总经理提出辞呈，并指责总经理不重视人才，辛勤工作的员工不提拔，倒提升那些吹牛拍马的人。

总经理耐心地听着，他了解这个小伙子，工作肯吃苦，但似乎缺少了点什么，缺什么呢？三言两语说不清楚，说清楚了他也不服，于是，总经理想到了一个主意。

"李伟，"总经理说，"你马上到集市上去，看看今天有什么卖的。"

李伟很快从集市回来，说刚才集市上只有一个农民拉了车土豆卖。

"一车大约有多少袋，多少斤？"总经理问。

李伟又跑去集市，回来说有10袋。

"价格多少？"李伟再次跑到集市上。

总经理望着跑得气喘吁吁的李伟说："你先休息一会儿吧，看看张扬是怎么做的。"说完，他叫来张扬，对他说："张扬，你马上到集市上去，看看今天有什么卖的。"

张扬很快从集市回来了，汇报说到现在为止只有一个农民在卖土豆；有10袋，价格适中，质量很好，还带回几个让经理看看。这个农民过一会儿还将弄几筐西红柿上市，据他看价格还公道，可以进一些货。这种价格的西红柿总经理可能会要，所以他不仅带回了几个西红柿作样品，而且把那个农民也带来了，他现在正在外面等回话呢。

总经理看一眼红了脸的李伟，说："请他进来。"

张扬只是比李伟多想了几步，在工作上就占据了主动性，而这还只是开始，也许在实际工作中随着经验的积累，张扬还会取得更好的成绩，未来的结果很可能是，在掌握了经验、人脉，拥有了一定的资金以后，也许张扬还会开起自己的超市，自己做老板呢。

在现实生活中，多想几步，即远见卓识将给我们的生活带来极大的价值。

远见可以打开不可思议的机会之门，带来巨大的利益。远见能增强一个人的潜力。人越有远见，就越有潜能。如果你有远见，又勤奋努力，你将来就更有可能实现你的目标。诚然，未来是无法保证的，任何人都一样，但你能大大增加成功的机会。

当代作家沧桑曾经说道："人生犹如下棋，高者能看出五步、七步甚至十几步棋，低者只能看两三步。高手顾大局，谋大事，不以一子之地为重，以最终赢棋为目的；低手寸土必争，结果辛辛苦苦地屡犯错误，以失败而告终。"

远见不是天生的，你也不可能一生下来就具备看到机会和光明未来的能力。远见其实是一种可以培养的能力。但有些情况下它也经常受到各种因素的干扰或影响。

1.当前的地位可能限制我们的远见。

奥利弗·温德尔·霍姆斯说："人生在世，最要紧的不是我们所处的位置，而是我们活动的方向。"何时、何地以何种方式开始我们的人生，这无法选择。我们生下来就处于一种身不由己的环境中。但随着年岁增长，我们的选择会越来越多。我们可以选择到哪里工作，做什么工作，跟谁结婚。我们可以选择人生的方向，年纪越大，就要做出越多的人生选择，就越应该为自己的处境负责。

许多人并不这么想，他们认为目前的处境已经决定了他们的命运，他们向环境屈服，觉得没有别的选择。

别掉进这个陷阱里。几百年前，这种观点也许是对的，但现在不对了。这个时代给予每个人充分的机会，如果我们有要做成一件事的强烈的愿望，并乐意为之付出代价的话，就可以全力以赴地去做，并实现目标。无论你目前的地位多么卑微，别让它剥夺了你的远见。谨小慎微者是不会取得成功的。

2.过去的经历限制我们的远见。

过去的经历比任何其他因素都更可能限制我们的远见。我们常常以过去的成败来看将来的机会。如果你的过去特别艰难、困苦、不成功，你大概得加倍努力，才可以看到将来的前途。

从大自然中可以找到一个极好的例子，说明过去是怎样影响一个人的。你从前在狂欢节或马戏团里可能看过，有些极小的昆虫（如跳蚤）能跳得很高，但不会超出某个预定的限度。每只跳蚤似乎都默认一个看不见的最高限度。你知道这些跳蚤为什么会限制自己跳的高度吗？

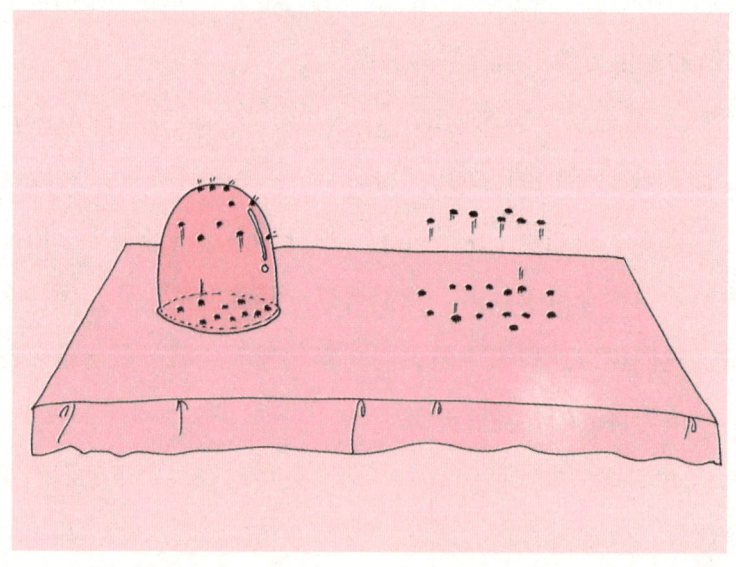

开始受训练时，跳蚤被放在一个有一定高度的玻璃罩下。起初，这些跳蚤试图跳出去，却撞在了玻璃罩上。这样跳了几下之后，它们就不再尝

第二章
我思考，我致富

试跳出去了。即使拿走玻璃罩，它们也不会跳出去，因为过去的经验使它们认为，它们是跳不出去的。于是，这些跳蚤成了自我限制的牺牲品。

人也能变成这样。如果你认定自己不能成功，你就局限了自己的远见，就缺少了为此努力的动力。要开动脑筋，敢于有伟大的理想，试一试你的最大能力。

3. 缺乏洞察力会限制我们的远见。

洞察力对于远见是至关重要的。说到底，远见就是在人生的巨大画卷中看到、想到当前的情景与未来的前景。

缺乏洞察力显然是致富的大敌，你听说过吗？在19世纪美国专利局里有人建议关闭专利局，因为他觉得不会再有人能发明什么有价值的东西了。想一想自1900年以来的科技进步，我们再去看，当初有人竟提出那样一个建议，真是令人难以置信。

如果你的洞察力不足，请试试从另一个角度看问题。研究历史，研究其他民族的文化，然后在分析当前的事物时留意将来。正如弗兰克·盖恩所说："只有看到别人看不见的事物的人，才能做到别人做不到的事情。"

4. 种种问题限制我们的远见。

要拥有理想——不管有什么问题、逆境和障碍。历史上有无数杰出的人物都曾面对问题但最终取得了成功。例如，古希腊最伟大的演说家德谟克利特就有口吃的毛病。他第一次发表演说时，被听众的哄笑声轰下了台。但他预见到自己能成为伟大的演说家。据说，他常常把鹅卵石放进嘴里，在海边对着拍岸的浪花演说。

还有许多人也都通过努力实现了他们的理想：恺撒患有癫痫病，但他当上了将军，后来又成为古罗马共和国的领袖；拿破仑出身低微，也成为皇帝，成为法兰西的英雄；贝多芬双耳失聪以后还创作交响乐，他把自己对音乐的理想变成现实；狄更斯受理想鼓舞而成为英国维多利亚时代最伟大的小说家——尽管他是个瘸子，一生贫困。

每个人都有各自的问题。有些是生来就有的缺点，也有些问题是我们自己招来的。但无论怎样，我们都不要让这些问题限制了我们的远见。

人与人之间只有很小的差异，但这种很小的差异最终却造成了巨大的差别。很小的差异就是具备积极的思考还是消极的思考，巨大的差别就是成功和失败，由此导致各不相同的人生。

大师金言

远见告诉我们可能会得到什么东西。远见召唤我们去行动。心中有了一幅宏图，我们就从一个成就走向另一个成就，把身边的物质条件作为跳板，跳向更高、更好、更令人快慰的境界。这样，我们就有了无可衡量的永恒价值。

——英国作家凯瑟琳·罗甘

03 积极的思考会带来
　　成功致富的机会

　　拿破仑·希尔在《思考致富》中说："凡是人心所能理解、所能相信的，终必能达成。"这就是积极思考的力量，你想得到财富，就必须学会积极的思考。当别人夸夸其谈的时候，你一定要用你自己与众不同的思考，规划自己的人生。

　　大凡我们眼中的财富人士都善于思考，他们很少夸夸其谈，一旦开口，一定是经过深思熟虑的有价值的言论。那么，你是否会积极思考呢？积极思考是否对你事业的成功有推动作用呢？

　　积极思考的人不仅会设法克服障碍，而且还将它们变成通往成功之路的垫脚石。消极思考的人，对于任何问题或阻碍都会感到束手无策。

　　美国的路易斯安那州有一大片土地，上面种满了竹子。地主觉得没有什么价值，准备出售。他给出这片土地的出售价，等待人来买。一个人却出了比地主高两倍的价钱。他买到土地之后，把竹子锯掉制成钓竿出售，收入足以支付土地的价款。

积极的思考会增加成功致富的机会，而消极的思考却将机会赶走，即使有机会也多半是平白错过。下面这个故事你也许听到过吧？

磨坊主和他的儿子一起赶着他们的驴子，到附近的集市上去卖，因为最近驴子的价格很高。可是，他们没走多远，就遇见一些妇女聚集在井边，边说边笑。其中有一个说："瞧，你们看见过这种人吗，放着驴子不骑，却要辛辛苦苦地走路。"老人听到此话，立刻叫儿子骑上驴，自己继续高高兴兴地走在一边。

又走了一会，他们遇到了一群正在争吵的老头儿。其中一个说："看看，这正证明了我刚说的那些话。现在这种社会风气，根本谈不上什么敬老尊贤。你们看看那懒惰的孩子骑在驴上，而他年迈的父亲却在下面行走。下来，你这小东西，还不让你年老的父亲歇歇他疲惫的腿！"老人便叫儿子下来，自己骑了上去。

他们没走多远，又遇到一群人，有几个人立刻大喊道："你这没用的老头儿，你怎么可以骑在驴子上，而让那可怜的孩子艰难地跟在你旁边呢？"老实的磨坊主立刻又叫他儿子坐在他后面。

他们快到集市了。

这时，一个市民看见了他们便问："朋友，请问，这驴子是你们自己的吗？"老人说："是的。"那人说："这还真想不到，依你们一起骑驴的情形看来，还以为这驴是别人的。我们这是在虐待驴子！"老人于是和儿子一起跳下驴子，将驴子的腿捆在一起，用一根木棍将驴子抬在肩上向市镇走去。

经过集市口的桥时，很多人围过来看，这种情景实在滑稽，大家都取笑他们父子俩。吵闹声和这种奇怪的摆弄使驴子很不高兴，它用力挣断了绳索和棍子，跳到河里去了。

这时，老人又气愤又羞愧，赶忙从小路逃回家去。

磨坊主没有自己的主见，人云亦云，不仅错过了卖驴子的好机会，而且还失去了驴子。

消极思考的人有很多与消极相关的特质：恐惧、优柔寡断、怀疑、做事拖拖拉拉、脾气暴躁，使别人敬而远之，失去许多有利的机会。积极思考的人则充满信心、热诚，激发个人的原动力，能够自律、想象力丰富，并且坚持目标，使人乐于亲近与合作，也会得到许多有利的机会。这就是成功者和失败者的差别。

成功学大师卡耐基曾经讲过这样一个故事：塞尔玛与她的丈夫感情非常好，后来丈夫奉命到一个沙漠的陆军基地里驻扎。为了追随丈夫，她也来到她曾经非常向往的大沙漠。但丈夫经常要去演习，她一个人留在陆军的小铁皮房子里，天气热得受不了——在仙人掌的阴影下也有华氏125度。没有人能与她聊天，因为这里只有墨西哥人和印第安人，而他们又不会说英语。她非常难过，于是写信给父母，说要丢开一切回家去。父亲的回信只有两行，但却永远留在她的心中，完全改变了她的生活：

两个人从牢中的铁窗望出去，

一个看到泥土，一个却看到了星星。

塞尔玛一再地读这封信，觉得非常惭愧。她决定要在沙漠中找到星星。

塞尔玛开始与当地人交朋友，他们的反应使她非常惊奇，她对他们的纺织、陶器表示很感兴趣，他们就把最喜欢的舍不得卖给观光客人的纺织品和陶器都送给了她。塞尔玛研究那些令人着迷的仙人掌和各种沙漠植物，又学习有关土拨鼠的常识。她观看沙漠日落，还寻找海螺壳，这些海螺壳是几万年前这片沙漠还是海床时留下来的……原来难以忍受的环境因此也变成了令人兴奋、流连忘返的奇景。

第二章
我思考，我致富

是什么使这位女士内心有这么大的转变？沙漠还是那片沙漠，印第安人也没有改变，但是这位女士的思考方式改变了，心态也改变了。积极与消极思考的差异，使她把原先认为恶劣的情况变为一生中最有意义的冒险。她为发现新世界而兴奋不已，并为此写了一本书，以《快乐的城堡》为书名出版了。这本书为她带来了名气，当然也有不菲的稿费版权收入。

塞尔玛从自己造的牢房里看出去，终于看到了星星。

生活中，失败平庸者，主要是思考方式不正确。遇到困难，他们只是挑选容易的倒退之路。"我不行了，我还是退缩吧。"结果走向了失败的深渊。成功者遇到困难，怀着积极的心态用"我要！我能！""一定有办法"等积极的意念鼓励自己，积极地思考，于是他们能想尽办法，不断前进，直至成功。

英国诗人亨利写的"我是自己命运的主宰，我的精神支柱是我自己"一诗告诉我们，因为我们是自己的主宰，所以自然变成命运的主宰。思考方式会决定我们将来的机遇和命运，这是放之四海而皆准的定律。

自觉地运用积极思考，化解消极因素，是许多杰出人士的共同特征。大多数人都以为成功是透过自己的优点而突然降临的，其实最明显的往往最不容易看见，每一个人的优点正是自己的积极思考，它是由信心、诚实、希望、乐观、勇气、进取、慷慨、创新、机智、诚恳与丰富的常识等特征构成的。

积极的思考是成功者的一个共有的简单秘密。思考方式决定着人们是否会成功。一个积极思考的人会像阳光突破重重黑云一样绽放异彩，消极思考的人只能是躲在黑云后面绝望地放弃。

我们常会发现，那些被认为一夜成名的人，其实在功成名就之前，早已默默无闻地思考了很长时间。成功是一种思考的积累，不论何种职业，想攀上顶端，通常都需要漫长的时间和精心的规划。所以，没有积极的思考，是不会成就伟大事业的。

成功绝非一蹴而就，而是正确思考的结果。只有通过积极思考来为你的一生做支撑，才能完成致富的目标。由此，我们可以得出结论："积极的思考在致富领域是无往而不利的。"请你相信只要你能够积极地思考，你就可以成就你的梦想，达到你的致富目标。

大师金言

如果你太顽固了，坚持"我不能那么做"，你可能会错过一个大好良机。

——美国成功学大师戴尔·卡耐基

第二章
我思考，我致富

04 要招徕财富，不要抗拒财富

思考方式不正确，则容易心态失衡，而这样的人往往受困于命运的愚弄又无力自救；思考方式正确，则心态健康积极，并经付出实际的行动，最后实现梦想，拥有财富。

思考的本质就是教导我们改变自己不正确的行为，然后去改变我们与周围物质感观世界的关系：转弱为强、转危为安、转贫为富、转凡为圣。

那到底什么是"不正确"的思考，又怎样转变为"正确"的思考呢？

由一个穷小子变成超级推销巨星，再变成商界巨贾与成功学大师的文迪诺告诉我们："许多年前，由于愚昧而又错误，我失掉了我最珍贵的一切——我的家人、我的家园、我的职业。我差不多一个钱也没有，而且前途茫茫……最后，我找到了答案。我运用思考的简单技术与方法，已超过15年，它给我提供的财富与快乐，超过我所应得。从一个没有一点根基，一文不值的流浪汉，我最后变成2个公司的总裁。"

你的思考方式决定着你的财富。消极思考是失败、疾病与痛苦、贫穷的源流；而积极的思考则是成功、健康与快乐、致富的保证。

"不论你是谁——不管你的年龄大小、受教育程度高低、职业是什么——你都能够招徕财富，但也能够抗拒财富。"

你可能心里在说："这是老生常谈嘛，我愿意看这本书，当然是欢迎财富而不会抗拒财富。"真的吗？那么看一看你有没有以下这些消极的思考方式——这些是排斥财富的心魔：

（1）愤世嫉俗，认为人性险恶，时常与人为敌，缺少和谐的人脉。

（2）没有目标，缺乏动力，生活浑浑噩噩，犹如大海漂舟。

（3）缺乏恒心，不晓自律，懒散不振，时时替自己制造借口以逃避责任。

（4）心存侥幸，空望发财，不愿付出，只求不劳而获。

（5）固执己见，不能容人，没有信仰，社会关系不佳。

（6）自卑懦弱，自我退缩，不相信自身的潜能，不肯相信自己的智慧。

（7）或挥霍无度，或吝啬贪婪，对金钱缺乏真正的认识。

（8）自大虚荣，喜欢操纵别人，嗜好权力游戏，不能与人分享。

（9）虚伪奸诈，不守信用，以欺骗他人为能事，以蒙蔽别人为雅好。

如果你有以上九种"心魔"，你已经受到了消极思考的影响，他正阻碍着你的创富之旅。如果你像普通人一样无法摆脱以下六项"人类之六种基本恐惧"的话，你的创富之旅将更加迷雾重重：

（1）害怕贫穷。

（2）害怕批评。

（3）害怕疾病。

（4）害怕失去爱情。

（5）害怕年老。

（6）害怕孤独。

以上十五项是最常见的消极心态，然而，以下两项却是最严重的消极心态。

（1）过分谨慎，时常拖延，不能自我确定，未敢当机立断；

（2）恐惧失败，害怕丢脸，不敢面对挑战，稍有挫折即退缩。

为什么最后两项是"最严重的消极思考"？前述十五项"心魔"无疑

厉害，足以"阻延"和"拖垮"一个人的"创富"理想。然而，最后两项却令人意志消沉，态度消极，完全不去尝试，纵使偶有发财之念，也无胆量，没勇气去做计划、采取行动。有着这些消极思考模式的人，可能嘴巴在说希望发财，但心底里根本就不信自己会有发达的一天。

有着这样的消极思考模式，他们的"自我形象"只是一个"普通人"，甚至一个"穷人"，潜意识完全被这种"负面自我形象"掩盖了。试问，这些人如何能迈出创富的第一步？

成功绝非一蹴而就，只有通过正确的思考来为你的一生做一个周全审慎的计划，才能使你免于盲目与不幸。因为当你掌握了正确的思考模式，你就掌握了自己的命运。

大师金言

会干的，不如会算的。

——犹太商谚

第二章
我思考，我致富

05 不妨换个角度思考

我们都有这样的哲学常识，就是即使是对同一事物的同一侧面，从不同的角度去观察思考它，获得的认识也往往有所不同。要用熟悉的眼光去看陌生的事物，要用陌生的眼光去看熟悉的事物。其中也包含了这样的意思：认识事物，思考问题，需要变换观察和思考的角度。

结合人的心理因素来看，对同一个现象，因为人们有着不同的思想感情和心理状态，从不同的角度思考就会得出不同的认识。比如，有两个行路人，他们已经走过漫长的路，来到一座小山前，甲看看地图，说："还有一半了。"于是，精神振奋了许多。乙说："还有一半哪！"于是，更加无精打采，垂头丧气。同样的一段路程，两个人从不同的角度去看，心境就是如此的不一样。

在一堂教授比例的数学课上，数学老师要求每一位同学用直尺量一下他们的数学课本，看其长和宽各是多少厘米，所有的同学都按照老师的吩咐，小心翼翼地用他们的直尺测量了起来，很快他们得到了准确的数据。

老师也很认真地把这一数据写到了黑板上，接着，老师又要求每一位同学重新用直尺量一下他们的数学课本，看其长和宽各是多少毫米。

和上一次一样，几乎所有的同学又埋头忙乎了起来，只有一位同学没有动手，于是数学老师问他，为什么不动手，他理直气壮地回答："我们在很早以前就学过，1厘米等于10毫米，既然我们都已经知道这本书的长和宽各是多少厘米了，那我们将这些数据分别乘以10，不就知道它们各是多少毫米了吗，为什么要多此一举呢？"

听了这位同学的话，数学老师顿时哑口无言，他从来都是这样教孩子用尺子来量课本的毫米数的，而这个同学的话让他一下子顿悟，原来他已经在思维的习惯中丢失了自己的思考。

在钟表发明以前，人们往往是用一种叫沙漏的东西来计时。所谓沙漏，就是在一个容器内装入一些沙，让沙从上往下漏。根据沙向下漏了多少，便能看出时间过去了多久。这种计时器，世界各国都早已不再使用了。前些年，日本有一个叫西村金助的人仍在从事沙漏的制作，但不是计时工具而是作为一种玩具。由于销量越来越少，使他日益陷入困境。有一天，他看见一本关于赛马的书上写有这样的话："在今天，马虽然已经失去了运输功能，但在赛马场上它却又以具有娱乐价值的面目出现。"这使他受到启发，他决心再从另外的新角度来思考沙漏的作用，寻找沙漏的新用途。他一连苦思苦想了好几天，终于想出了沙漏的一种新功能：制作有固定时限的小沙漏，将它安放在电话机的旁边。这样，打电话，特别是打长途电话，便能更好地控制时间，以节约电话费用。由于它小巧玲珑，也可以作为一种小摆设、小装饰品。这种简单、价廉、美观、实用的小沙漏一上市就销路大好，一个月的销售量就达到了几万个。这使得西村金助获得了一大笔收入。

事物都有自己众多的不同侧面，从不同的角度去观察思考它们的不同侧面，自然会得出不同的认识。所以，思考是一个人所能拥有的最直接的财富。懒惰的人宁可躺在太阳底下晒太阳，也不肯花些时间思考自己的现在和未来，所以，他们永远闭着眼睛幻想财富从天上掉下来砸在他们的嘴里。而这当然只是幻想。

大师金言

我们多数人认为自己没有选择机会，或选择机会很少，我们习惯于用老眼光看待自己，无法想象我们可能成为怎样的人。不是我们不想改变，而是想不出能改变什么。

——美国作家海厄特

06 富人与穷人
　　只有一线之隔

有的时候，致富的机会只在一瞬间，抓住了，你就成为富人，失去了，你就只有空悲叹了。乞丐还狗的故事你听说过吧？

富翁家的狗在散步时跑丢了，于是在电视台发了一则启事：有狗丢失，归还者，付酬金1万元，并有小狗的一张彩照充满大半个屏幕。启事发出后，送狗者络绎不绝，但都不是富翁家的。富翁太太说，肯定是真正捡到狗的人嫌给的钱少，那可是一只纯正的爱尔兰名犬啊！于是，富翁把酬金改为2万元。

原来，一位乞丐在公园的躺椅上打盹时捡到了那只狗。乞丐没有及时看到第一则启事，当他知道送回这只小狗可以拿到2万元时，真是兴奋极了，他这辈子也没交过这种好运。

乞丐第二天一大早就抱着狗准备去领那2万酬金。当他经过一家大百货公司的墙体屏幕时，又看到了那则启事，不过赏金已变成了3万元。乞丐驻

第二章
我思考，我致富

足想：这赏金增长的速度倒挺快，这狗到底能值多少钱呢？他改变了主意，又折回他的破窑洞，把狗重新拴在那儿。第4天，悬赏额果然又涨了。

在接下来的几天时间里，乞丐没有离开过大屏幕，当酬金涨到使全城的市民都感到惊讶时，乞丐返回他的窑洞。可是那只狗已经死了，因为这只狗在富翁家吃的是鲜牛奶和烧牛肉，对这位乞丐从垃圾筒里捡来的食物根本受不了。

乞丐不渴望财富吗？当然渴望，但是他太贪婪了，没有抓住得到财富的机遇，所以只有看着它溜走了。

致富的前提是要拥有高财商，这样不仅可以让你懂得如何创造财富，同时还能够让你知道在财富的机遇面前，应该如何去抓住它。

如果一个人能够抓住他的问题尚未显露出真相时的好机会，洞察它并寻求解决，那么他就等于抓住了致富的机会。如果一个人能具备一种行之有效的积极思考模式，并紧接着付诸实行，他就能实现由穷到富的转变。

20世纪初，在美国桑地亚那州有位男子，找寻一座位于兹默斯顿小镇附近的丰富银矿矿脉。他努力找寻了几年。有一次，他在一座小山的侧向发掘出了一条大约200米的坑道。但是，矿道里的银矿却早已被前人挖掘一空了，不得已，他只好放弃了计划。过了不久，这名男子去世了。

又过了10年，某矿山公司买下兹默斯顿地区的几处矿区。这家矿山公司重新挖掘了当年被放弃的矿脉，就在距离废弃的坑道1米左右的地点，发现了从未发现过的丰富的银矿脉。相隔只不过1米，却相差了巨大的财富。

有力和无力之区别，勤劳和懒惰之区别，成功和失败之区别，穷人与富人之区别，它们之间的差异犹如薄纸之隔。在公司内你可能是一位平凡的业务员，成绩始终维持中等程度，和顶尖优秀的业务员相比，你的业绩不及对方的一半。你也许因此认为，凭自己的能力是绝不可能拉近这两倍的业绩距离的。

但请你仔细想一下，业绩多你两倍的业务员，比起你8小时工作时间，他工作了16小时吗？那是当然不可能的。你用了10个小时的心思于工作上的同时，他也只不过多用了1个小时。

只要再稍加努力便可得到非凡的成果，但是多数人却在自我满足后便停滞不前了。其实只要再稍加努力，哪怕只前进一小步，你便可由平庸升为杰出，你的身价便会加速地飞升。

大师金言

只要你在业务上勤奋，你就会变得博学；只要你勤俭节约，你就会富裕；只要你清心寡欲，你就会健康；只要你行善积德，你就会心情畅快。只要你这么做了，至少会有取得这些成就的机会。

——美国政治家富兰克林

第三章
追求财富，要制订合理切实的目标

大多数人都幻想能永生。他们浪费金钱、时间以及精力，从事所谓的"消除情绪紧张"的活动，而不是去从事"实现目标"的活动。大多数人每周辛勤工作，赚了钱，却在周末把它们全部花掉。而富人之所以富有，是因为他们有明确的目标。他们一手拿望远镜，一手拿显微镜，随时观察前方，随时留意当下。

01 有了目标，
内心的力量才有方向

目标是一种目的、一种意向，是一个引导人们不断奋斗的梦。目标不是模糊的意念："我希望我能"，而是一种清晰的信念："我要那样做"。

生活中有两类人：一种是非常清楚自己该做什么的人，另一种是糊里糊涂不知怎样打发日子的人。在现实中，有很多的人都属于后一种人。他们心中没有明确的目标，虽胸怀不满、努力奋争，但最终仍是一事无成。

成功的道路是由目标铺成的。每个人要想成功，要做的第一件事情就是为自己设立一个明确的目标。

有了目标，人生就变得充满意义，一切似乎清晰、明朗地摆在你的面前。什么是应当去做的，什么是不应当去做的，为什么而做，为谁而做，所有的要素都是那么明显而清晰。

一个人要想走上成功之路，首先必须确立目标。因为尽管成功有许多

第三章
追求财富，要制订合理切实的目标

面貌，像自我实现、自我提升、自得其乐，抑或功成名就、造福社会、遗泽后人等，但成功的最具体的定义则是"达成了某项目标"。

我们常常看见成功者的飞黄腾达，就像看到一堆猛火，转瞬间已烧得熊熊炽热。这就是因为他们有一个固定的目标和一个确定的计划，遵照计划进行的结果。他们的成功，并不是"盲目的一股热情"所能促成，而是"达到目标"的意念所促成。

你要给自己的人生订立一个明确的目标，在你自己也摸不清事情之前，千万不要闭着眼睛瞎闯，但是如果你已经确定计划，自信不会有差池时，那你不妨立刻着手进行，不必有丝毫犹豫。美国电气公司经理索伯说得好："当一个人能够信得过自己的计划就像二加二等于四一样自然时，他根本不需勇气了。他遵照去做，就是一步步踏着'当然'的成功之路，而不是提心吊胆地在迷路上打转。"

许多做大事业的人，常常在你替他提心吊胆时，他却安然昂首前进，并达到成功，对于他自己所跨出的每一步，他都有预定的计划，决非像你所想象的那样盲目瞎闯。因此，要想在某一领域取得成功，规划自己的人生目标是必不可少的。

在路易斯·卡罗尔所著《爱丽丝梦游仙境》一书中，有这样一段描述：当主人公爱丽丝来到一个通往各个不同方向的路口时，她向小猫邱舍请教道：

"邱舍小猫咪……能否请你告诉我，我应该走哪一条路？"

"那要看你想到哪儿去。"小猫咪回答。

"到哪儿去？我真的无所谓……"爱丽丝说。

"那么，你走哪一条路也就无所谓了。"小猫咪说。

这只可爱的小猫咪说的是实话，不是吗？如果我们不知道要向何处去，那么，任何道路都可以带我们到达某个目标——不管我们在生活中做哪一种努力。

有了目标，内心的力量才会找到方向。漫无目的地飘荡终会迷路。而你心中那一座无价的金矿，也会因未被开采而与尘土无异。

如果你能怀着一股认清自我目标的冲劲儿，那么实现成功的过程本身就是一种收获。正如南丁格尔伯爵所说，你的报偿在于"对一个值得你奋斗的目标或想法产生逐步的了解"，而不在于"成功在握时瞬间的快感"。除非你积极地为实现目标而努力，否则将与之渐行渐远。

坦率地讲，选择目标并不是件容易的事，实现目标也并非轻而易举。确定目标是生活中的头等大事，有时需要为之做出牺牲。印第安纳大学篮球教练鲍比·奈特指出："每个人都希望成为一个获胜者，但很

第三章
追求财富，要制订合理切实的目标

少有人为此精心准备。"这句话特别适用于那些随波逐流，没有目标，甘为他人鼓掌与欢呼的人。目标的确立会唤醒人渴望成功的潜意识，当目标确定后，你的潜意识就好像一只专采花蜜的蜜蜂一样，确保你最终实现自己的目标。相反，如果目标不明，潜意识就会无所适从。

1952年7月4日清晨，加利福尼亚海岸起了浓雾。在海岸以西21英里的卡塔林纳岛上，一个34岁的女人准备从太平洋游向加州海岸。这位女士叫费罗伦丝·查德威克。在此之前，她还是第一个游过英吉利海峡的女性。

那天早晨，雾很大，海水冻得她身体发麻，她几乎看不到护送她的船。时间一小时一小时地过去，成千上万的人在电视上揪心地观看这一伟大的举动。有几次，鲨鱼靠近了她，被人开枪吓跑，而她仍然在游。

15个小时之后，她又累又冷，知道自己不能再游了，这时，她很希望别人拉她上船。她的母亲和教练在船上告诉她海岸很近了，叫她不要放弃。但她朝加州海岸望去，除了浓雾什么也看不到。

几十分钟之后——从她出发算起15个小时零55分钟之后,人们把她拉上船。又过了几个钟头,她渐渐觉得暖和多了,这时却开始感到失败的打击,因为,人们拉她上船的地点离加州海岸只有半英里。

后来,当记者采访她半途而废的原因时,她毫不犹豫地说:"说实在的,我不是为自己找借口,如果当时我看见陆地,也许能坚持下来。"是的,令查德威克半途而废的不是疲劳,也不是寒冷,而是因为她在浓雾中看不到目标。查德威克一生中就只有这一次没有坚持到底。

两个月之后,她成功地游过同一个海峡。她不但是第一位游过卡塔林纳海峡的女性,而且比男子的纪录还快了大约两个钟头。

查德威克虽然是个游泳好手,但也需要看见目标,才能鼓足干劲儿实现她有能力完成的事情。查德威克的故事给我们以这样的启示:要想成功,必须设立目标。

目标不仅对成就事业有着极其重要的作用,甚至对延长寿命也有较为明显的促进作用。有一位医学专家曾对一批百岁老人的共同特点进行大量研究。大多数人认为他会列举诸如食物、运动、节制烟酒及其他会影响健康的事例。但专家的结论却是:这些寿星在饮食和运动方面没有什么共同特点,他们的共同特点是对待未来的态度——每个人都有各自的人生目标。人只有这一生,此时此地、今生今世、这一代,才是当下可以掌握的唯一真实。从小学起,"我的志向"就经常成为作文题目,尽管我们的志向可以适时地修订扩大,但人不可一日无志,人生没有目标,成功就永远只能是幻想。

目标不但可以改变人的命运,也可以改变一个国家的命运。瑞士的发展之路无疑说明了这一点。

第三章
追求财富，要制订合理切实的目标

瑞士是西欧的一个小国家。在若干年以前，这里的人民很穷，没有文化，没有资源，没有出口，生活毫无保障。

1789年的法国大革命改变了瑞士的命运。因为当时瑞士的创汇来源之一是出口自己的孩子给别的国家当雇佣军，替人家去打仗。革命就是暴动，暴动就有人死，死的当然多数是瑞士人。这些死去的人，很多是瑞士最优秀的孩子，瑞士人在看到这一惨景后，痛定思痛，做了两件很重要的事情。

第一件事情就是在一座山上做了一个很大的雕塑，取名叫《濒死的狮子》。因为瑞士的标志是狮子，这个狮子没有被雕塑得昂首挺胸，而是趴在地上，背上插着一只长矛，掉着眼泪，垂死挣扎。这雕塑告诫人们瑞士的现状。

第二件事情就是他们给自己定下了两个目标，一个就是永远不要战争，因为他们知道只要有战争，就会有死亡。第二个目标就是改变瑞士的经济状况，瑞士人过去之所以去当兵，是因为他们很穷，不改变穷的面貌，就还会有人去做雇佣兵，所以一定要富强。

有了目标以后，瑞士人开始尽全力去达成。若干年过去了，让我们翻开历史去看一看，他们的目标达成了没有？答案是肯定的。

若干年来世界上发生了很多次战争，但是瑞士没有参加战争，而且当今世界瑞士已经成为和平的化身。很多世界和平组织，如红十字会，总部就设在瑞士。瑞士的第一个目标已经实现。再看第二个目标，据世界银行统计，瑞士的人均收入也在全世界名列前茅。

当然，并不是说有了目标就必然能够成功，但不容置疑，凡是成功者，他们必然都有各自的目标，并为之付出辛勤的努力。

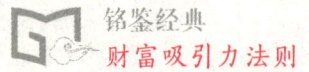

大师金言

  人生在世,最紧要的不是我们所处的位置,而是我们活动的方向。

——美国学者奥利弗·温德尔·霍姆斯

02 目标一定
　　要适合自己

人不能漫无目标,因为它使人浪费了天赋才干。但是选择错误的目标,却有可能产生严重的后果,它不仅有可能葬送一个人的幸福,甚至可能危害社会大众。

有一则故事，说一个人想黄金想疯了，于是穿上新衣走进市场，他直接走向一个金铺，抓起一袋金币，从容转身离开。当警察逮捕他时，询问他："为什么在大白天而且当着这么多人的面抢黄金呢？"他回答："我并没有看到人，我只看到黄金。"

这是一个极端的例子。现实中，大多数情况下，是人们没有制订适合自己的正确合理的目标，这同样会对人产生消极的影响。

一个人只要依照目标和计划行事，就会有很多机会。如果你不知道自己要什么，不知道自己该何去何从，别人又如何帮助你追求财富？你必须要有明确的目标，才能克服所有的挫折和阻碍。

你不会算命，也不是预言家，却能够用一个简单的问题，预测一个人的未来。只要问："你的人生有何明确的目标？你计划如何达成目标？"

如果你问100个人同样的问题，其中98个人会这样回答："我要让自己过得好，努力追求成功。"这个答案乍听之下，似乎言之有理，但是仔细一想，你就会发现，真正富裕的人都有明确的目标及确实的执行计划；而随波逐流的人一生都将一事无成，充其量只能捡拾富裕者的残羹剩饭。因此，你必须尽早确立你的目标，并且规划实现目标的步骤。

劳伦斯·彼得说，很多人就是这样，常常迷失自己。本来，他应该在下一个十字路口往西走。但到了十字路口，却因见东边的马路上车水马龙，人头攒动，也跑过去凑热闹。结果，他以持久不渝的快乐换取了暂时的满足。因此，在制定目标的时候，切忌盲目、人云亦云，切忌赶时髦、随大流。也就是说，制定目标的一个重要前提是正确认识现在。

制订成功的目标，不仅要考虑未来的情况，而且必须着眼于现实。现实的情况是制定目标的动因。如果目前的情况很好，何必还要画蛇添足地

第三章
追求财富,要制订合理切实的目标

制订什么新的目标呢?虽然人人都有进取心,但也不可盲目往前赶,甚至舍弃已经订好的目标或自己的优势,而去追求得不偿失的事情。

本来,有的人的处境已经十分不错,却在误用的"进取心"的支配下,或者在缺乏主见的情况下,喜欢人云亦云,喜欢随大流。盲目地制订目标,实施行动,本末倒置地"实现目标"。结果,目标实现了,原来的优势却丧失了,实现目标后得到的只有后悔和沮丧。

美国电影演员理查德·伯顿通过切身体验发现,正确认识现在是多么重要。他是一个享有盛誉的演员,事业上颇有成就。可有一次他表演失败了,一时想不开,便常常喝得酩酊大醉,想以此来解除烦恼,结果是借酒浇愁愁更愁,不仅糟蹋了自己的身体,而且还糟蹋了自己的艺术生命。

伯顿的好几个朋友也有过类似的经历,其中一位是电影演员皮特·奥图尔。当时,奥图尔的私人医生向他严厉地指出在他面前摆着两条路:要么去戒酒,要么去殡仪馆。经过一番斗争,奥图尔终于戒了酒。

伯顿在其主演的影片《部族的人》获得极大成功以后,也决心戒酒。他逐渐感到,由于酒喝得太多,他甚至连台词都记不清了。他说:"我很想见见与我合作过的那些演员,我知道他们都是好样的,可我现在连一个单独的镜头都回忆不起来了。"这一痛苦经历促使他产生了要改变自己生活的强烈愿望。他为自己制订了一个具体目标,即严格地节制——彻底与酒告别;过一种无忧无虑的生活。他对自己期望的东西进行了明确的描述,甚至对与喝酒的朋友在一起相处会损失什么也着实考虑了一番。他认识到,在漫长的人生过程中,他必须改掉自己一些不良习惯,他也相信,只要确定了某个具体目标,他就能实现它。

伯顿为自己制订了一个健身计划:每天游泳、散步,平时禁止喝酒。

经过两年的不懈努力，他终于达到了目的，并且重新组建了一个家庭，过着美满幸福的新生活。他兴奋地说："我的工作能力完全恢复了。我发现自己比酗酒时更加敏捷，精力更充沛，脑子转得也更快了。"

伯顿的成功在于他正确审视自己的处境，根据目前的状况，制订适合于自己的目标，从点滴做起，毫不懈怠，最终开始了新的生活。

每个人的智能、才能是不同的，目标也因人而异。我们每个人可以就自己当前的状况反省自己："我现在究竟在做什么？我的近期目标是什么？这样的目标适合我吗？"只要选对了目标，就会"人不堪其忧，回也不改其乐"了，成功的人生正始于适当的目标。

大师金言

最大的危险是不知道自己现在所处的地位，这一点会使你成为一个能力有限、没有自我意识的"才华横溢"之士。

——美国管理学家劳伦斯·彼得

第三章
追求财富，要制订合理切实的目标

03 致富的路上
　　没有捷径

　　有的人想发财，总想走一条捷径，梦想一夜暴富。一夜暴富的人是有的，比如，买彩票幸运地中了头彩，一下子就获得了巨额的收入。但是，中彩的概率毕竟很低。所以，想致富，除了要有这个愿望，还要有一个目标和规划。

　　确立目标之后，如何去达成呢？答案很简单：脚踏实地，全力以赴。若想学会一项技艺，或许可以参加速成补习班；但是若想精通这项技艺，成为专家，就必须自行苦练，不付出汗水泪水，怎么会成功呢？

　　"仁者，先难而后获""天将降大任于斯人也，必先苦其心志"，这两句话一方面是告诉人不要妄图侥幸，因为一分耕耘才有一分收获；另一方面则提醒人真正有价值的东西是不会平白得到的，必须在"动心忍性"之后才可"增益其所不能"。真正成功的人物，没有不曾经过几番历练的。中国古代圣王，像舜、禹的生平就充满了考验与奋斗的事迹，最后才得到成功。再以诺贝尔文学奖的得主来看，他们也都经历过艰苦努力才最终成功。

人喜欢走捷径，就像电流会选择阻力最小的线路传导一样。但是电流最后一定要遇上阻力，才能使灯泡发亮。人也一定要克服障碍，才能品尝成功的滋味。"不经一番寒彻骨，哪得梅花扑鼻香""含泪播种的，必含笑收获"，这些都是深深反映人性的隽语。

走捷径即使侥幸成功了，还会有一个副作用。因为假使以成功为目的的话，那么走捷径往往就是"不择手段"的代名词。为达目的而不择手段，绝不是一个良知清明的人能够苟同的。于是有些人在成功之后，却宁可希望自己晚几年才成功——只要当初不曾昧着良心做过某些事。

为了早日成功，而使自己的尊严与清白打了折扣，真是得不偿失。这种成功不仅是虚浮的，而且是自欺的。

走捷径固然不可取，但是绕圈子也同样要不得。

《旧约》中记载，上帝带领以色列人出离埃及走向福地，一共花了40年的光阴；而事实上，那一段路直接走去的话只需要11天即可。也许上帝在借机涤除以色列人的奴性，培养他们成为自由人，但是当初离开埃及的成年人却没有一个踏上福地的。从俗世的观点来看，他们没有成功。

许多人虽然确立了目标，但是迟迟不敢上路。他们的一生都在做着准备工作，绕了很大的圈子，等到决心向目标前进时，却已是迟暮之年了。譬如有人在年轻时想办杂志，于是设法先去挣钱；等到钱挣够时，恐怕理想已经模糊，年纪已经不轻了。"昔日之芳草，今日之萧艾"，实在是令人惋惜的事。

怎样确立自己的目标？一个国家有"五年计划"，有中长期计划，我

第三章
追求财富，要制订合理切实的目标

们也应该有计划地使我们的人生一步步地向前迈进。比如，短期计划——完成学业，积累一笔创业基金。那么，还应该计划10年以后的事。如果你希望10年以后变成怎样，现在就必须变成怎样，这是一种很严肃的想法。因为没有了目标，我们根本无法成功。

自己要有计划，从某个角度来看，人也是一种商业单位。你的才干就是你的产品，你必须发展自己的特殊产品，以便换取更高的价值。下面有两种很有效的步骤可以帮你做到这一点。

第一，把你的理想分成工作、家庭与社交三种。这样可以避免冲突，帮你正视未来的全貌。

第二，针对下面的问题找到自己的答案。我想完成哪些事？想要成为怎样的人？哪些东西才能使我满足？

用下面的10年长期计划可以帮你回答以上问题。

10年以后的工作方面：

（1）我想要达到哪一种收入水准？

（2）我想要寻求哪一种程度的责任？

（3）我想要拥有多大的权力？

（4）我希望从工作中获得多大的威望？

10年以后的家庭方面：

（1）我希望我的家庭达到哪一种生活水准？

（2）我想要住进哪一类房子？

（3）我喜欢哪一种休闲活动？

（4）我希望如何抚养我的小孩？

10年以后的社交方面：

（1）我想拥有哪种朋友？

（2）我想参加哪种社团？

（3）我希望取得哪些社区的领导职位？

（4）我希望参加哪些社会活动？

只要你回答了上述问题，那么，10年内你就有了明确的目标，从而也迈向了人生更高一级的台阶。

有一次，卡耐基的儿子坚持他们两个人合作，替一只小狗"花生"盖一间狗屋。这只小狗是一只活泼聪明的混血小狗，又是他儿子的开心果。卡耐基终于答应了，于是立刻动手。由于他们的手艺太差，成绩很糟糕。

狗屋盖好不久，有一个朋友来访，忍不住问卡耐基："树林里那个怪物是什么啊？不是狗屋吧？"卡耐基说："正是一间狗屋。"他指出了一些毛病，又说："你为什么不事先计划一下呢？如今盖狗屋都要照着蓝图来做的。"

第三章
追求财富,要制订合理切实的目标

所以,在你计划你的未来时,也要这么做,不要害怕画蓝图。一个人的成就多少比他原先的理想小一点,所以计划你的未来时,要明确目标才好。

这还不够,你的目标还必须是合理的。也许我们每个人都为自己制订了这样或那样的目标,可是,你仔细想过没有,你所制订的目标合理吗?只有合理的目标,只有适合你的目标,才能顺利地实现。

确立目标之后,应该立即行动,全力以赴,不图侥幸,不绕圈子,然后成功才是可以预期的。

大师金言

对于自己的行动,不要后悔,也不要过于在意,人生一切都是试验。试验的次数越多,对我们越有利。

——英国作家爱默森

04 将目标
　　"化整为零"

每个人都希望梦想成真,但真正成功的人并不多。有些人终日做着发财的美梦,终究还是一贫如洗。为什么会这样呢?因为每个目标都远在天边,遥不可及,倦怠和不自信让绝大多数人放弃了努力。

有远大的目标没有什么不对,但如果目标过大,你应学会把大目标分解成若干个具体的小目标,否则,很长一段时期你仍达不到目标,你就会觉得非常疲惫,继而容易产生懈怠心理,甚至你可能会认为没有成为富人的希望而放弃你的追求。如果将大目标分解成具体的小目标,分阶段地逐一实现,你可以尝到成功的喜悦,继而产生更大的动力去实现下一阶段的目标,不要说"笑到最后才是笑得最好的人",经常让自己笑一笑,分阶段的干成一件小事加起来就是最后的成大事者。

著名记者雷因在25岁的时候失业了,他身无分文,有时为了躲避房东讨债,在白天,他只能四处游走。

第三章
追求财富,要制订合理切实的目标

一天,他在42号街碰到了著名歌唱家夏里宾先生。雷因在失业前,曾经采访过他。令他没想到的是,夏里宾竟然一眼就认出了他。

"很忙吗?"他问雷因。雷因含糊地回答了他,他想他看出了他的窘境。

"我住的旅馆在第103号街,跟我一同走过去好不好?"

"走过去?但是,夏里宾先生,60个路口,可不近呢。"

"胡说,"他笑着说,"只有5个街口。"

"……"雷因不解。

"是的,我说的是第6号街的一家射击游艺场。"

这话有些答非所问,但雷因还是顺从地跟他走了。

"现在,"到达射击场时,夏里宾先生说,"只有11个街口了。"

不多一会儿,他们到了卡纳奇剧院。

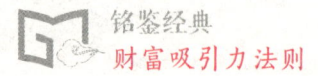

"现在，只有5个街口就到动物园了。"

又走了12个街口，他们在夏里宾先生的旅馆前停了下来。奇怪得很，雷因并不觉得怎么疲惫。

夏里宾给他解释为什么没有感到疲惫："今天所走的路，你可以常常记在心里。这是生活的艺术。你与你的目标无论有多遥远的距离，都不要担心，把你的精神集中在5个街口的距离，别让那遥远的未来令你烦闷。"

"将精神集中在5个街口的距离"，多么睿智的解释，然而这也是我们目前最缺乏的。我们往往将目标着眼于大处，而常常忽略了小的问题，甚至对之不屑一顾，这种思想是很可怕的。如果你有这种思想，那么，从现在开始扔掉它，从现在做起，从点滴做起。

罗斯是加利福尼亚州的一位有名的推销员，在结婚之后，他才第一次去拜访妻子的家人。火车停在离妻子的家乡两里远的地方。由于当时正下着倾盆大雨，所以他对那个地方的风光并没有什么印象，他对这种情况感到有些懊恼，并问："你们为什么不叫铁路局开一条直通城镇的支线？"

罗斯的大舅子笑着告诉他，他们已经尝试了10年之久，但是铁路局始终不愿意花钱在当地的一条河上建一座桥。

"10年了？"罗斯惊讶地说，"怎么那么久，我可以在3个月内做好这件事。"

但是，罗斯想这次他真的说错了，因为在他的新家人面前说这种自夸的话，对他们来说无疑是一种挑衅。他想他真的必须要付诸行动了。雨停之后，他和他的大舅子便走向河边。

罗斯在河边看到一座十分旧的木桥，桥上的公路属于郡道，铁轨横过

第三章
追求财富，要制订合理切实的目标

郡道，火车站位于河的另一头。每当火车驶过时，郡道上的人车便被拦下来，因而影响了附近的交通。

"你看，"罗斯说，"很简单，客运列车付1/3的造桥费用，因为旅客们会因为有了新桥而直通城镇；郡政府应付1/3的造桥费用，因为反正他们迟早必须把旧桥拆掉建新桥；货运列车也应付1/3的造桥费用，因为有了新桥后他们便可不再受到路面交通的影响，并因而避免因为人车排队等候火车通过所可能发生的交通意外事故。"

事情就是这样简单，罗斯和他的大舅子在一周之内，就取得了三方当事人的同意，而新桥也在3个月之内就建造完成，从此以后这个城镇便有了客运火车的服务。

这就是将大目标"化整为零"的好处。

爱因斯坦为什么年仅26岁时就在物理学的几个领域做出第一流的贡献？仅仅是由于他的天赋吗？试想，当时爱因斯坦20多岁，学习物理学的时间不算长，作为一个业余研究者，他的时间更是极为有限。而物理学的知识浩如烟海，如果他不是运用"化整为零"的方法，就不可能在物理学的三个领域都取得第一流的成就。他在《自述》中说：

我看到数学分成许多专门领域，每一个领域都能费去我们短暂的一生……物理学也分成了各个领域，其中每一个领域都能吞噬短暂的一生……可是在这个领域里，我不久就学会了识别出那种能导致深邃知识的东西，把许多充塞脑袋、并使它偏离主要目标的东西撇开不管。

爱因斯坦的做法有哪些好处呢？

（1）可以早出成果，快出成果。

（2）有利于高效率地学习，建立自己独特的最佳知识结构，并据此发现自己过去未发挥的优点，使独创性的思想产生。

爱因斯坦的做法是不是值得我们借鉴呢？别强迫自己去完成一项庞大的目标，因为这种强迫很可能会导致你在追求目标的路上身心疲惫，一旦遇到困难或时间太久了，就会动摇。如果把大目标分解成一个个小目标，就可以很自然地产生自信，并在每个小目标实现的时候感到鼓舞，最终大目标也实现了。

大师金言

当一个人能够信得过自己的计划就像二加二等于四一样自然时，他根本不需勇气了。他遵照去做，就是一步步踏着"当然"的成功之路，而不是提心吊胆地在迷路上打转。

——美国电气公司经理索伯

第三章
追求财富,要制订合理切实的目标

05 给实现目标设立
   一个最后的期限

可能我们都有过这样的经历,一项任务往往到了最后的关头,我们才会倾全力去做,在最后"时限"到来的时候才告完成,否则你会想,不着急,慢慢来吧,于是,你的目标被无限期地推延了。

所以说,有了目标,并不意味着你可以一直做下去而不顾成效如何,你必须为实现你的目标设定一个最后期限。确定一个实现目标的最后期限,因为我们每个人都会为最后期限做出努力。如果我们知道飞机即将在某个时间离去,我们会努力在最后期限到达机场。同样地,我们在制定目标时必须确定何时希望实现自己的目标。

一位出身卑微的墨西哥姑娘,16岁就结婚了。两年当中,她生了两个儿子。之后,她便离婚出走,独自支撑家庭。她决心谋求一种令她自己及两个儿子感到体面和自豪的生活并以30年为限。她带着一块普通披巾包起全部财产,跨过里奥兰德河,在得克萨斯州的埃尔帕索安顿下来,并在一家洗衣店工作，一天赚一美元，但她从没忘记自己的诺言，要在贫困的阴影中创建一种受人尊敬的生活。

当她在得克萨斯工作的时候，听说加州那边更好一些。于是，口袋里只有7美元的她，和两个儿子乘公共汽车来到洛杉矶。开始，她做洗碗的工作，后来找到什么活就做什么。她拼命攒钱，直到有了400美元后，便和她的姨母共同买下一家拥有一台烙饼机及一台磨小玉米饼的店。她与姨母共同制作的玉米饼非常成功，后来还开了几家分店。直到最后，她的姨母感觉工作太辛苦了，她便买了姨妈的股份。不久，她经营的小玉米饼店铺发展成罗马纳墨西哥食品公司，这家公司成为全国最大的墨西哥食品批发公司，有员工300多人。

她和两个儿子在经济上有了保障之后，这位勇敢的妇女便将精力转移到提高她美籍墨西哥同胞的地位上。"我们需要自己的银行。"她想。后来她便和许多朋友在东洛杉矶筹建泛美国民银行。

第三章
追求财富，要制订合理切实的目标

有人告诉过她，不要做这种事。"美籍墨西哥人不能创办自己的银行，"他们说，"你们没有资格创办一家银行，同时永远不会成功。"她平静地回答："我行，而且一定要成功。"结果她真的成功了。

她与伙伴们在一个小拖车里创办起他们的银行。可是，到社区销售股票时却遇到另外一个麻烦，因为人们对他们毫无信心，在她向人们兜售股票时她遭到了拒绝。

"你怎么可能办得起银行呢？"他们问道，"我们已经努力了十几年，总是失败，你知道吗，墨西哥人不是银行家呀！"但是，她始终努力，并最终创建了墨西哥人在美国的银行，这家银行主要是为美籍墨西哥人所居住的社区服务，而且，银行资产很快增长到2200多万美元。若干年后，这家银行取得伟大成功的故事在东洛杉矶仍然传为佳话。

很久以前，来自哈佛商学院的一个行为问题调查组对100名即将毕业的大学生进行一次抽样调查，向每个人提出这个问题：

"20年以后，你希望在什么地方，希望从事什么工作？"

这100名即将毕业的学生人人都对调查员说，他们想发财、出名、经营大公司，或者从事能影响和主宰我们所生存的世界等重要工作。

调查人员对他们的回答并不惊奇，因为哈佛大学历来就教育他们的学生，要出类拔萃，要保持名列前茅。他们果然如此，而且从某种角度看来，这似乎理所当然，因为就凭他们读哈佛这一事实就足以说明了。

但是，在那些未来的杰出人物之中，令人们大为吃惊的事情出现了。被询问的100名学生中，有10名年轻的挑战者不仅决心征服世界，而且将目标清清楚楚地写了出来，说明他们什么时候即将取得什么成就，而其他学生都没有写出各自的目标。

20年以后，这些调查员又对那100名毕业生广泛地进行了一次调查。结果发现那10名毕业生的财产竟占那100名学生总财产的96%，这意味着那10名学生的成功率超过同班同学的10倍。这个比例是令人惊叹的。

在定下目标的同时写上期限，这对实现你的目标是十分有益的。当你设立一个期限的时候，就会设计一个进度的标准，你不断地检视自己的标准，实现的几率也会提高。

千万不要做事情没有期限，跟别人讨论事情没完没了，不要交代别人一件事情之后，只告诉他尽快做，你要告诉他在什么时候要交给你，这样做事才有效率。这是成功人士的处世态度，也是你我应该有的态度，千万不要小看期限的重要性。

大师金言

人们内心构想的、相信的东西，一定会催促人们去实现。

——美国成功学大师拿破仑·希尔

06 全身心地投入

当你全身心地投入到实现自己目标的行动中时,某些奇迹就会发生,人力、物力和机会就好像会神奇般地出来帮助你。就像歌德所说的那样:

开始做所有能做成或想做的事情吧!

勇气将会给你带来所需要的一切智慧、力量和宝藏。

实际上,力量、勇气和宝藏就在那里等待着你,你所要做的仅仅是立即开始和全身心地投入。

牛顿毫无疑问是世界一流的科学家,当有人问他到底是通过什么方法得到那些非同一般的发现时,他诚实地回答:"我总是思考着它们。"还有一次,牛顿这样表述他的研究方法:"我总是把研究的课题放在心头,反复思考,慢慢地,起初的点点星光终于一点一点地变成了阳光一片。"正如其他有成就的人一样,牛顿也是靠勤奋、专心致志和全身心地投入才取得伟大成就的,他的盛名也是这样换来的。牛顿曾说过:"如果说我对公众有什么贡献的话,这要归功于勤奋和善于思考。"

著名的德国物理学家开普勒也这样说过:"只有对所学的东西善于思考才能逐步深入。对于我所研究的课题我总是穷根究底,一定要想出个结果。"

全身心地投入是致富路上重要的一步,你必须抛弃一切杂念,将精力投入到所定目标中,千万不要被各种因素所诱惑,而导致你相信今天取得的一切全凭天资、才能或者华丽的外表。其实,你的所有成就完全是努力工作和发挥特色带来的,那些劝你该悠闲轻松的人,实在不懂为生活而工作与为工作而生活两者之间的区别。

你一定留意过失败的人总是这么说:"感谢上帝,今天是星期五!"而成功的人却这么说:"啊,上帝,今天不是星期五。"显然,这两种人的梦想与目标大相径庭,失败的人离目标越来越远,成功的人离目标越来

第三章
追求财富，要制订合理切实的目标

越近。

伊芙琳·格琳妮在很小的时候就立志成为一个音乐家。但是，在她12岁时，她的耳朵神经功能衰退，成了聋子。她靠着顽强的毅力学会了唇读法，坚持在正规学校读书。她将主要精力放在学习上，并且取得了优异的成绩。格琳妮是苏格兰人，她称自己意志坚强，有时甚至固执己见。正因为如此，她成了伦敦皇家音乐学院主修单人打击乐器的第一个学生。这些打击乐器包括木琴、蒂姆巴尔鼓、小军鼓、钹、康笳鼓、大鼓。由于是皇家学院的第一位聋学生，媒体专门为格琳妮拍了一部纪录片，格琳妮引起了众人的好奇心。她被邀请到各种音乐会上演奏。格琳妮到世界各地演出，她在伦敦、日本、欧洲和美国买了房子和乐器，由于没有足够的打击乐曲，就有作曲家专门为她谱曲。她认为自己是第一位古典音乐单人打击乐器手。她共灌制了6盘带，其中一盘获"格莱美"大奖。

有一个法国人，42岁了仍一事无成，他自己也认为自己倒霉透了：离婚、破产、失业……他不知道自己的生存价值和人生的意义。他对自己非常不满，变得古怪、易怒，同时又十分脆弱。有一天，一个吉卜赛人在巴黎街头算命，他随意一试……

吉卜赛人看过他的手相之后，说："您是一个伟人，您很了不起！"

"什么？"他大吃一惊，"我是个伟人，你不是在开玩笑吧？"

吉卜赛人平静地说："您知道您是谁吗？"

"我是谁？"他暗想，"是个倒霉鬼，是个穷光蛋，是个被生活抛弃的人！"但他仍然故作镇静地问："我是谁呢？"

"您是伟人，"吉卜赛人说，"您知道吗，您是拿破仑转世！您身上流的血、您的勇气和智慧，都是拿破仑的啊！先生，难道您真的没有发觉，您的面貌也很像拿破仑吗？"

"不会吧……"他略带迟疑地说，"我离婚了……我破产了……我失业了……我几乎无家可归……"

"嗨，那是您的过去，"吉卜赛人只好说，"您的未来可不得了！如果先生您不相信，就不用给钱好了。不过，5年后，您将是法国最成功的人啊！因为您就是拿破仑的化身！"

法国人表面装作极不相信地离开了，但心里却有了一种从未有过的伟大感觉。他对拿破仑产生了浓厚的兴趣。回家后，就想方设法找与拿破仑有关的一切书籍阅读。渐渐地，他发现周围的环境开始改变了，朋友、家人、同事、老板，都换了一种眼光、一种表情对他。他的事业开始顺利起来。

后来他才领悟到，其实一切都没有变，是他自己变了，从以前的消极悲观到如今的事业有成，而这一切源自于他全身心地投入。

13年以后，也就是在他55岁的时候，他成了亿万富翁，他就是法国赫赫有名的成功人士——威廉·赫克曼。

全身心地投入是一种前提、一种基础或根基，你的整个人格和行为，甚至于四周的环境，都根据它而建立。所以我们的经验才会得到证实，形成一种良性的循环。那些过去四处碰壁的人，也可在认定目标后，全身心地投入其中，不断进取，最终获得成功。

大师金言

故天将降大任于斯人也，必先苦其心志，劳其筋骨，饿其体肤，空乏其身，行拂乱其所为，所以动心忍性，曾益其所不能。

——中国思想家孟子

07 立刻去做，绝不拖延

有一位成功者，许多人问他："你是怎么成功的？曾经遇到过困难吗？"

"当然。"他说。

"当你遇到困难时如何处理？"

"马上行动！"他说。

"当你遇到经济上的重大压力呢？"

"马上行动！"他说。

"当你在感情上遇到挫折时呢？"

"马上行动！"他说。

"当你在人生过程中遇到困难时呢？"

"马上行动！"他只有这一个答案。

马上行动，还是拖延下去，这就是富人和穷人的区别。对于行动的重

第三章
追求财富，要制订合理切实的目标

要性，富人深有体会。没有行动，理想就只是一句空话。只有行动，理想才会变为现实，人生才能进入一个新境界。

想做的事情，立刻去做。当"立刻去做"从潜意识中浮现时，就立刻付诸行动。从小的事情开始，立刻去做。养成习惯，机会出现时，你就能立刻抓住。

很多人有拖延的习惯，因为拖延而赶不上火车、上班迟到，甚至错过重要的会晤或机会。

亚瑟·华特逊是一个70岁的英国老人，退休后无事可做，每天待在家中看看电视、报纸，偶尔喝点酒以消磨时光。有一天，亚瑟从电视上看到介绍月球探险的情景，节目主持人将绘有月球地形的地图摊开，滔滔不绝地逐一加以说明。对此，他既感到新鲜又很不满意，这种月球的平面图看起来实在不理想，既然月球和地球一样都是圆的，那么有地球仪，为什么就没有月球仪呢？闲得无聊的亚瑟当即便想自己试着做月球仪。他考虑到，地球仪有人用，月球仪也一定有人需要，销路应该不会成问题。

说做就做，亚瑟立即动手，他的热情和干劲超乎寻常地迸发出来。当月球仪初具神韵、事情有些眉目时，亚瑟便在报纸、杂志、电视上刊出了广告。这种闻所未闻的新鲜玩意儿吸引了很多人，世界各地的订单源源不断。第一批月球仪很快库存告罄，亚瑟又马不停蹄地干起来，一年的营业额高达1400多万英镑。

立刻着手带来了立竿见影的好处，如果这位老人把这个稍纵即逝的灵感稍微放一放，也许就被无限期地搁置了，也就不能在垂暮之年还能创造这样的财富奇迹。

"立刻去做"可以影响你生活中的每一部分，可以帮助你去做该做而不喜欢做的事。在遭遇令人厌烦的职责时，它可以教你不推脱延迟。但是它也能帮你去做你"想"做的事。它会帮你抓住宝贵的刹那，这个刹那一旦错过，很可能永远不会再碰到。

如果你想成功，想成为一个富人，那就必须立刻去做，绝不拖延，努力比别人做得更好，超越别人，走在别人前面。请你记牢这句话："立刻去做，决不要拖延！"

大师金言

商人最重要的素质，是从细微处看到大趋势，在商业直觉和决策理性的平衡点上找准大势。

——日本实业家松下幸之助

第四章
富人是这样炼成的

　　许多富人都出身贫寒,没有什么本钱,也没有多少人脉,甚至没有太高的学历和文化,但他们懂得只有付出,才能收获成功。他们历经磨难,能屈能伸,最终成就了人生的辉煌。

01 把别人的批评
当作前进的动力

　　凡是有头脑的人总是时时警醒自己不是个完美的人，还有许多缺点。批评是揭发缺点的一种好方法，是我们应当欢迎的。

　　我们应当培养一种勇于接受别人批评的大气，不可脸皮太薄，不可对一点小小不快的批评就忧心忡忡，更不能因此而崩溃。当然，也不能脸皮太厚，以至于不知我们的言语行为有哪些地方是别人所不喜欢的。脸皮不可太薄，也不可太厚……我们要利用别人的批评来使自己进步。

　　对别人的批评，首先要有个正确的心态。批评我们的如果是我们的仇敌，或是想侮辱我们以掩饰他自己的弱点，没关系，无论批评者的动机如何，我们都可以利用批评作为改进自己的一种动力。有时候，敌人的批评比朋友的批评更可贵。

　　批评你的人或许动机不良，但是其批评的事实却可能是真的。他或许是想害你，但是如果他的批评能使你改进，对你反而更有帮助。你如果因

第四章
富人是这样炼成的

他的批评而垂头丧气,那就让他的诡计得逞了。

大多数的人都有这个毛病,希望别人重视我们,不管做任何事,我们都希望获得别人的称赞。如果别人说我们的不是,便觉得受了委屈,或怒火冲天。于是,朋友们往往不敢说我们的弱点,他们或者是称赞,或者是沉默不语。

对于我们进行反面批评的,多半是那些不喜欢我们的人,或是想伤害我们的人。因此,对于这样的批评,我们是可以不去理会的。但是换个角度来看,如果我们是聪明人,就会利用这种批评来改进自己,把它认为是一件对我们有利的事。

有些人以为自己居于特殊的地位可以随意侮辱别人,如果你知道如何对付批评你的人,那么,对于这种傲慢的行为,你就不会觉得受屈,或是认为对抗他是有损自己的身份了。

侮辱人的轻视态度和朋友好意的玩笑是不同的。开玩笑也能把我们的缺点指出来。罗斯福总统知道如何对付朋友们开的玩笑。他借着朋友们的玩笑,把自己的身体锻炼好了,但是他并不幻想着自己的体力比当地的本土人物还要好。他老老实实地承认他们比他高超些。

有一天，他在培德兰同几个人砍树，清理一块空地出来建造房子，到晚上工作完毕时候，工头问他们当天的工作成绩如何。他听见有一个工人答道："皮尔砍了53株，我砍了49株，罗斯福咬下了17株。"罗斯福回想起他所砍的那些树真好像是被海狸咬下的一样，便禁不住笑起来。他老老实实地承认他砍的树确实比不上他的同伴。

罗斯福在培德兰开牧场的时候，有一次他想猎杀白山羊，他听说在科亚丛有一个会打猎的，名叫纳尔斯，罗斯福便写信给他，请他做打猎的向导。信的最后几句这样说："如果我出来打猎，你相信我会打着一只山羊吗？"那个猎人的回信就写在他的信的背面："如果我出来打猎，你相信我会打着一只山羊吗？"

但是，罗斯福回电仍旧请他做向导。奉承罗斯福的人很多，但罗斯福明白从一个粗野而讲老实话的人那里，比一个只知一味奉承的人那里所学的一定要多些。即使是别人的批评非常鲁莽，也还是可以把它用来改进自己。

每个人都有可能树敌。敌人的批评，多半是对的。不明智的人无论自己对不对，总要设法替自己辩护，于是渐渐养成一种自以为是的观念。

别人批评的时候，要欣然接受并作为你前进的向导，切不可作为你失败的遁词。

要以客观的态度衡量别人的批评，不要想方设法地追究到底对你有多大的伤害，或是他批评你的动机究竟如何，是不是为了报私仇。要利用别人的批评来看清自己的行为，衡量自己究竟是对还是错。如果自己错了，便修正过来，使自己更加完善；如果自己是对的，便不必理会别人的批评，安然地做你的事，别人是奈何不了你的。

第四章
富人是这样炼成的

大师金言

有人骂是幸福。任何人都是因为挨骂才能向上进步。挨骂的人,应有雅量把别人的责骂当作自己追求上进的依据,这样的责骂才能发生效果。如果对挨骂反感,表示不愉快的态度,就失去了再次挨骂的机会,以后你的进步也就停滞了。人家既然不骂你,也就不再关心你。能挨骂是宝贵的,应当以感谢的心接受。

——日本实业家松下幸之助

02 专注于自己的事业

我们人类以往所有的伟大天才，无不因为"专注"而获得成功。

卡耐基、洛克菲勒、哈里曼、摩根等人都是因为"专注"而成为大富翁。

"专注"就是把意识集中在某个特定的欲望上的行为，并要一直集中到已经找出实现这项欲望的方法，而且成功地将之付诸实际行动为止。

把意识集中在一个特定欲望上的行为，对成功人士来说，这是一种习惯。

习惯是一种力量，通常，思想能力一般的人就能够辨认出这种力量，但一般人所看到的往往是它的不好的一面，而不是它美好的一面。

习惯是一条"心灵路径"，我们的行动已经在这条路径上旅行多时，每经过它一次，就会使这条路径更深一点，更宽一点。如果你曾经走过一处田野，或经过一处森林，你就会知道，你一定会很自然地选择一条最干

第四章
富人是这样炼成的

净的小径,而不会去走一条比较荒芜的小径,更不会去选择横越田野,或从林中直接穿过去,自己走出一条新路来。心灵行动的路线也是这样的,它会选择最没有阻碍的路线来行进——走上很多人走过的道路。

习惯是由重复创造出来的,并根据自然法则而养成,这可在所有生命的物体上表现出来,或者也可以表现在没有生命的事物上。例如,一张纸一旦以某种方式折起来,下一次它还会按照相同的折线被折起。衣服或手套会因为使用者的使用,而形成某些褶痕,而这些褶痕一旦形成了,就会永远存在,不管你是否经常洗烫。河流或小溪从地面上流过,形成了它们的流动路线,以后它们就会按照这个习惯路线来流动。

这就是习惯的力量,它能协助你开辟新的心灵道路——新的心灵褶痕。我们应该随时记住这一点——若要除掉旧习惯,最好的也可以说是唯一的方法就是培养出你的新习惯,来对抗及取代不妥的旧习惯。开辟新的心灵道路,并在上面走动以至旅行,旧的道路很快就会被遗忘。每一次你走过良好的心理习惯的道路,都会使这条道路变得更深更宽,也会使它在以后更容易行走。这种心灵的筑路工作,是十分重要的。

自信心和欲望是构成成功的"专心"行为的主要因素。为什么只有很少数的人能够专注于某一件事,最主要的原因是大多数人缺乏自信心,而且没有什么特别的欲望。

无论任何东西,你都可以渴望得到,只要你的需求合乎理性,又十分热烈,那么,"专心"这把"神奇之钥"就会帮助你得到它。

人类所创造的任何东西,最初都是透过欲望而在想象中创造出来的,然后经由专心而变成事实。

当你要专心致志地集中你的思想时,就应该把你的眼光望向1年、3

年、5年，甚至10年后，幻想你自己是你这个时代最富有的人。在想象中假设，你有相当不错的收入；想象你拥有自己的房子，是你自己赚来的；想象你在银行里有一笔数目可观的存款，准备将来退休养老之用；想象你自己是位极有影响的人物，因为你的事业而影响了一大批人；想象你自己正从事一项永远不用害怕失去地位的工作。

　　利用你的想象能力，清晰地描绘出上面这种情景，它将很快转变成一幅美好而深刻的愿景。把这项愿景当作是你专心的主要目标，看看会发生什么结果。

第四章
富人是这样炼成的

不要低估专注的力量,不要因为它来到你面前时未披上神秘的外衣,或是因为我们用人人都懂的文字来形容它,你就低估了它的力量。所有伟大的真理都是很简单、很容易被了解的;如果不是这样,它们就不能算是"伟大"的真理。

专注有助于达成有价值的目标,那么,它将为你带来持久的幸福与财富。只要你相信自己办得到,你就能够办得到。

专心本身并没有什么神奇,只是控制注意力而已。一个人只要集中注意力,就能调整自己的思想。许多年以前的一个晚上,芝加哥城里举行一次聚会,有一大群人正围着一对看热闹的老夫妇。这是一对样子很怪的老夫妇,穿着几十年前的作客衣服。这群好奇的群众注视着他们的一举一动,并引以为乐。但是他们似乎完全不觉得自己被众人注目。他们只管自己,注意街上的喧嚷、灯光、窗内陈设的货品、拥挤的人群,等等。他们被街市的繁华所吸引,而丝毫没想到自己。但是他们的那种乡土模样及举止引起了别人的注意。

我们最大的毛病便是,常常以为自己是被注意的中心,然而事实并非如此。当我们戴一顶新帽子或穿一件新衣,总以为众人都在注意自己了。其实这完全是自己的臆想。别人或许也正和我们一样以为自己正受到他人的注目呢。

同样的原因也可以应用在许多别的情形上。如果某人十分专心于他的工作,你绝不能使他感到不安,因为他甚至不觉得有人在身旁。假如有人看你工作,你便觉得不安,解决的方法是专心去做得更好些,而不要勉强克制自己的不安。如果你知道自己做得很好,大家看你时你就不会感觉不安;这种不安是因为你怕工作做得不好,怕出错,怕别人看出你的秘密,于是你脸红手颤,声音战栗。

专心于自己,是不能提升做事的效率或减少不安的感觉的,专心于工作却能使工作效率倍增。如果在专心工作之余,对别人真诚的批评感兴趣,你会无往而不胜。

大师金言

善做人者,可以赢得世人最丰厚的回报。

——法国皇帝拿破仑

第四章
富人是这样炼成的

03 把吃亏当成占便宜

中国有句古话："贪小便宜吃大亏"，这是对爱占蝇头小利的人的警告。反过来"吃亏就是占便宜"则是一种境界，道理谁都明白，可要是做起来就没那么容易了。至少人们都明白，能把吃亏当便宜的人即使不是圣人，也是个不自私的人。可现实中，圣人很少，不自私的人也不多，大多数人是把它当成一种策略。

东汉时期，有个在朝官史叫甄宇，时任太学博士。他为人忠厚，遇事谦让，人缘不错。有一年临近除夕，皇上赐给群臣每人一只外番进贡的活羊。具体分配时，负责人犯了愁：这批羊有大有小，肥瘦不均，难以分发。大臣们纷纷献策：有人主张把羊只通通杀掉，肥瘦搭配，人均一份；有人主张抓阄分羊，好坏全凭运气……这时，甄宇说话了："分只羊有这么费劲吗？我看大伙儿随便牵一只羊走算了。"说完，他率先牵了最瘦小的一只羊回家过年。众大臣纷纷效仿，羊很快被分发完毕，众人皆大欢喜。此事传到光武帝耳中，甄宇得了"瘦羊博士"美誉，朝野称颂。不久在群臣的推举下，他又被朝廷提拔为太学博士院院长。

方芳大学毕业后，去了一家图书发行公司做编辑。她年轻漂亮，文笔也好，大家都很喜欢她。更可贵的是她的工作态度。那时，公司正和出版社联合进行一套大型丛书的发行工作，每个编辑都很忙，但老板并没有增加人手的打算，于是编辑部的人也被派到发行部、业务部帮忙。整个编辑部只有方芳接受老板的指派，其他的都是去一两次就抗议了。按理说，一个编辑不去发行部也无可厚非。可方芳毫无怨言，在那里一待就是大半年。

她在发行部帮忙包书、送书，有时还要联系托运，发行部的同事干的事她都毫不犹豫地去干。回到编辑部以后，方芳还是很勤快，约稿、审读、排版、校对都要参与，取稿、发片、设计封面都要一一过目，还要自己跑印刷厂、联系纸张、联系发行商……整个出版发行程序她都熟悉了。

老板对她很信任，教给她很多实际可操作的知识，派她做很多事情，可她的工资并不高。

有人说，方芳付出很多，得到太少了。老板对她不公平，不如趁现在赶紧找个挣钱多的地方。"反正吃亏就是占便宜嘛！"她这么说，并且在公司待了下来。

几年后，方芳离开了那家公司，成立了自己的图书发行公司。在图书市场上，经常可以看到她的公司策划的畅销书。业内人士都叫她美女老板。

方芳就是在"吃亏"的时候，把图书出版的编辑、发行、销售等工作都摸熟了，她真的是占了"便宜"啊。

现在，方芳还是抱着这种态度做事，对作者，她用"吃亏"来换取他们对她的信任，对印刷厂，她用"吃亏"来换取图书的好品质，对发行商，她用"吃亏"换取图书销售渠道的畅通。而最终获利的当然也是方芳了。几年下来，她的公司已经积攒了一笔可观的财富。

方芳的故事对一些年轻人是一个启发。年轻的时候，阅历浅，经验少，人生的一切都是雏形，你需要不断学习、开拓，才能让自己更快地成长。你做一件事，就是为自己累积一些人生的经验。有机会多干一点活，正是对你最好的锻炼。

没有人会认为自己的老板是公平的，老板总是指派你去多干一点活。不要以为多干了就吃亏了，实际上，老板是在为你提供一次机会，人生多一个机会就会多一分收获。如果你不肯投入，不愿付出，你将注定一无所获。

吃亏就是占便宜，应该记住这句话，它将对我们以后的人生有莫大的助益。

不妨以"吃亏就是占便宜"的态度来做事，实践一下，看看结果如何。

一般说来,"吃亏"有两种,一种是主动的吃亏,一种是被动的吃亏。

"主动的吃亏"指的是主动去换取"吃亏"的机会,这种机会是指没有人愿意做的事、困难的事、报酬少的事;这种事因为无便宜可占,因此大部分的人不是拒绝就是不情愿,你主动去做,老板当然对你感激有加,一份情绝对会记在心上,日后无论是升迁或是自行创业,他都有可能帮助你。这是对人际关系的帮助。就像方芳那样,她在创业的时候,她的老板就曾经在资金上给了帮助。

"被动的吃亏"是指你突然被分派了一个你并不十分愿意做的工作,或是工作量突然增加,在这种情况下,你应该尽量接受任务。也许你不太情愿,但也要抱着"吃亏就是占便宜"的态度,这不是阿Q精神。因为那些"亏"有可能是对你的考验,考验你的心志和能力,是为了重用你啊。

不要患得患失,经验、能力才是你成功致富的关键。

大师金言

请注意:你的职位高低未必与薪资成正比,若成正比,则你在该职位上必定待不久。

——中国漫画家朱德庸

第四章
富人是这样炼成的

04 磨炼体验
　　最值钱

有的人总是幻想着刚踏上社会就拥有一份清闲、体面又赚钱多的工作，然后，开办自己的公司，自己当老板，赚大钱，过富人的生活。可惜，这样的工作毕竟很少，能得到这个机会的人更是少数。绝大多数人都要进入职场，真刀真枪地演练一番。实际上，这是一个磨炼心志的过程。

生于20世纪80年代的独生子女，生活、学习环境一直一帆风顺，知识和专业能力一般没有太大的问题，形式美，内容也美，可就是抵抗挫折的能力差一点。换句话说，就是缺少磨炼。磨炼对每一个人来说都是非常重要的。就算你聪明杰出，但老板也不一定能把工作放心地交给你，尤其是重要的工作交给你干。即使很快你就承担了重任，能不能识得其中奥妙、趣味、诀窍，也是大问题。从某种意义上说，社会才是真正的大学。薛宝钗不是说了嘛，"世事洞明皆文章"。

林良和张成是一对要好的同学，毕业于某名牌大学。毕业后，他们俩都成了领导的秘书。林良的领导是公认的一个比较难缠的领导，而张成的领导是一个好人，喜欢亲力亲为。结果是，林秘书越来越瘦，也越来越精，他把自己的时间全部献给了工作，连谈恋爱的时间都没有。张秘书的工作很顺利，生活也很滋润。

  林秘书是个聪明的年轻人，对领导很负责，他的手机24小时不关机，就为了领导能随时找到他。领导是个严肃的人，常常让他觉得紧张；领导又是一个非常尽责并且精力特别充沛的人，常常会在半夜三更想起一个人、一件事，立刻叫林秘书帮他找电话号码。有一次，领导刚从北方出差回来，到办公室，凳子还没坐热，就让司机连夜开车去外地，参加一个可去可不去的会议，还要他的秘书立刻准备资料。

  领导的职位很高，晚上的应酬很多，什么样的人都来邀请，林秘书总是根据领导的好恶利弊，选择一场宾主尽欢的宴席，甚至领导坐在什么位置上，他都要事先安排好。跟着领导时间久了，林秘书渐渐掌握了领导的脾气秉性，经常帮领导排忧解难。比如，领导同家人闹了点不愉快，他就会在晚饭过后给领导家打电话，恭恭敬敬地告诉接电话的领导夫人，单位里有点事情，需要领导到场，然后，放心地把领导带到一个合适的地方，让领导舒展一下不愉快的情绪。

  领导日理万机，难免有累的时候，林秘书就会安排他去打打保龄球，或者去歌厅高歌几曲。作为领导的秘书，他有责任让领导合理地避开他不愿意去的地方，不愿做的事情，而这些又丝毫不会影响到领导的公众形象。

  领导的生活和工作让林秘书操碎了心。领导想到的，林秘书做到了，领导没想到的，林秘书帮他想到了，而且还会很得体地提醒领导，一点不伤领导的自尊心。鞍前马后，兢兢业业，林秘书成了领导最重要的助手。

第四章
富人是这样炼成的

可是,就是这样,林秘书还常常遭到领导的批评甚至呵斥,那时候,林秘书就打掉牙往肚子里咽,全当是领导在磨炼自己了。

领导也体谅林秘书的工作,发火归发火,对他的工作还是非常满意,常常有意无意地当着别人的面表扬一下林秘书,还给他介绍了不少朋友。领导升职了,一定要把林秘书带着。林秘书首先赢得了一个好人脉。

几年后,林秘书辞职了,自己开了公司,生意很好,自己买了房子买了车子,女儿也上了贵族学校。原来的领导还经常光顾一下,在重要的环节上帮他一下,使他公司的实力和知名度更高了。只是和老领导相见,总免不了一阵感慨。林总感慨当年艰辛的秘书生涯,对领导的苛刻也很感激。当年的领导也总是慨叹自己再也找不到如林良那么贴心的秘书了,而成了林总的林良也没有找到过如自己当年那么麻利的秘书。

林良当年的同学张成现在依旧是秘书,他的上司没有升职,他的收入也还是两三千元,没有房子没有车,一家三口租住在郊区的一套房子里。

　　磨炼是人生的一笔宝贵财富。只有当你经受生活的磨炼,才能深刻地领悟这句话的含意。磨炼自己,需要付出时间和耐心。磨炼自己,需要耐得住寂寞和孤独。获得财富的过程更是一个历经磨炼的过程。

大师金言

　　我们每一个人都想得到别人的尊重,都想得到社会的认同,都想展现自我的价值,创业无疑是一条最好的道路。今天我们赢在中国,希望明天我们赢在世界。

——海尔集团总裁张瑞敏

第四章
富人是这样炼成的

05 合作生存，
既赚吆喝又赚钱

很多人都有一种错误的观念，认为必须践踏别人，诋毁别人，利用别人，踩着别人的肩膀往上爬才能达到高峰。而事实上，帮助别人往上爬的人，自己会爬得更高。富人的特征不仅在于他的智商高，而且在于他懂得合作，善于合作，他们不会在背后拆台，也不会随意选择和某人对抗。他们深深懂得，只有合作，才能双赢。

这里有一个中信泰富公司的例子。该公司的领导人荣智健就非常注重合作，而且注意让合作者心情愉快，得到实惠。

1991年，中信泰富试图收购香港一家巨型的非上市多元化公司恒昌企业，该公司的业务贸易包括地产投资、汽车销售及维修等，每年营业额达100多亿元，盈利在10亿以上。过去几年增长32%，1990年增长57.9%。曾经有新世界及其他人士企图收购恒昌，但都遭到恒昌股东的坚决反对。为了收购成功，中信泰富集团准备采取联合收购的办法，于是联合了几大财团，如李嘉诚、周大福、郭鹤年、何添家族、冯果禧家族、冼为坚家族等。

1991年10月，该财团正式向恒昌提出收购，每股收购价为现金330港元。结果购得97.2%的股权，其中中信泰富占36%，李嘉诚占19%，周大福占18%，百富勤占8%，郭鹤年占7%，何添家族占4%，冯景禧家族占1%，冼为坚家族占1%。1992年1月，中信泰富宣布买入尚未购入的64%的恒昌企业股份。为此，中信泰富配售了11.68亿新股，每股作价2元2角，共集资25亿元，加上向银行借贷，购买代价为51亿元。此次收购，中信泰富向其余股东出价390港元，即比3个月前每股涨价18%，这样下来，当初中信泰富的合作者共计赚了7.8亿多元。

短短3个月的时间，中信泰富使自己的合作者赚取了7.8亿多元。难道中信泰富自己赚这些钱不好吗？白白"送"给合作者7.8亿多元，难道不是使自己亏本吗？自己这样做又是为何呢？

第四章
富人是这样炼成的

这主要是因为中信想吃这块肥肉，而仅靠自己又没有这个能力。若当时单独收购，需要付出69.5亿元，而当时中信泰富的市值只有40亿元左右，无法在股市筹集大笔资金，只能依赖借贷。如此庞大的数额，借贷又谈何容易。另一方面，即使中信泰富解决了财务问题，但恒昌企业也未必接受单独收购，与李嘉诚等诸大亨联手便可以借助这些人的声望，减少恒昌企业董事局的抗拒心理。事实也正是如此，在这样一个财团面前，恒昌转变了之前对收购者的态度，接受了收购。

最后的结果，中信泰富让合作者赚了很多，自己赚得更多。因为实际上，中信泰富并未动用现金，只是靠发行新股及配售集资，就完成了这一艰巨任务。而中信自己不但股价上扬，而且使中信泰富由一家小型多元公司而升格为多元化跨国企业。

由于恒昌企业的业务范围极广，中信泰富如果愿意，可以安排其属下一些资产值不大，但盈利力强的公司上市，将数目庞大的无形资产变成"真金实银"。

中信泰富让合作者赚了大钱，自己则更是赚了吆喝又赚大钱。可见，合作生存是自然法则，也是经商之道，更是富人们获取更多财富的路径。

在这个时代，不学会合作原则，就很难有更大的发展空间。只有历经和平、和谐的合作，才能获得成功。单打独斗的时代已经过去了。即使一个人跑到荒野中去隐居，远离人类文明，然而，他仍然需要依赖他本身以外的力量来生存下去。他越是成为文明的一部分，越是需要依赖合作性的努力。

不管一个人是依靠每天辛勤工作谋生，还是依赖利息收入生活，只要他善于和其他人友好合作，他的生活就会过得更顺心一点。人在这个社会上立足，也应以"合作"而不是以"竞争"为基础，这样不仅可以获得内心的安宁，也可以享受到合作所带来的财富。

大师金言

我的成功秘诀很简单，那就是永远做一个不向现实妥协的叛逆者。

——美国实业家罗宾·维勒

第四章
富人是这样炼成的

06 仗义守信，和气生财

信用、信义实际上是一个人立身行事之本。被称为"亚圣"的孟子说过，"人而无信，不知其可也。"一个不能仗义而行、全无诚实可言的人，一定会为众人所不齿。对于经商而言，信用同样是非常重要的，因为信用可以争取到宝贵的顾客。清代红顶商人胡雪岩经常说"做人无非是讲个信义"，他一直将"信用"二字看得极重，甚至不惜牺牲自己的利益。

做生意与做人本质上应该是一致的，一个真正成功的富人，往往也应该是一个守信义之人。胡雪岩，就是一个仗义守信的成功商人，也可以说，他的仗义守信，才是他能够获得比一般人更多财富的重要条件。

胡雪岩的重义守信，体现在多个方面。

胡雪岩的阜康钱庄开业不久，就接待了一位存入阜康一万两银子却既不要利息，也不用存折的特殊客户。这位客户就是绿营军军官罗尚德。他将银子存入胡雪岩的阜康钱庄，既不要利息，也不要存折，一是因为相信阜康钱庄的信誉，他的同乡刘二经常在他面前提起胡雪岩，而且只要一提起来就赞不绝口。二来也是因为自己要上战场，生死未卜，存折带在身上也是个麻烦。

得知这一情况，胡雪岩当即决定：第一，虽然对方不要利息，自己也仍然以3年定期存款的利息照算，3年之后来取，本息全额付给；第二，虽然对方不要存折，也仍然要立一个存折，交由刘庆生（原本是大源钱庄一名伙计，后来给胡雪岩做事）代管。因为做生意一定要照规矩来。

罗尚德后来果然在战场上阵亡了。阵亡之前，他委托两位同乡将自己在阜康的存款提出，转给老家的亲戚。罗尚德的两位同乡没有任何凭据就来到阜康钱庄，办理这笔存款的转移手续，原以为会遇到一些刁难或麻烦，甚至恐怕阜康会就此赖掉这笔账，不想阜康除为了证实他们确是罗尚德的同乡，让他们请刘二出面做个证明之外，没费一点周折，就为他们办理了手续，这笔存款不仅全数照付，而且还照算了利息。

这就是胡雪岩重信用、重信义的鲜明事例。当时罗尚德手上没有任何凭据，后来到阜康帮助罗尚德来办理这笔存款取兑手续的人，也同阜康没

第四章
富人是这样炼成的

有一点关系,倘若否认这笔存款,当然是死无对证。这种做法虽然确实非常下作不义,但在商场上却不少见,而阜康却没有这样做。从这一点上,我们就能看到胡雪岩是个仗义而守信用的人。

仗义守信,是一个优秀商人的基本品格,信义对于商人来说绝不是无关轻重的。俗话说,"信义通商"、"诚招天下客",能以自己的信用、诚实招徕天下客,生意就没有不兴隆的道理。

讲信义,还表现在对自己许诺的慎重上。在商场上,讲究的就是干脆利落,一句话就算定局,说句话就是银子,所谓一诺千金。因此,你可以不答应人家,但一旦答应,就一定要做到。如果你没有充分把握就不要轻易许诺。

你有没有能力去做答应人家的事,客观上具不具备兑现你承诺的条件,还有客观情势允不允许你去做这件事,这些问题,都将对你是否一定能做到、做好你所答应的事情产生极大的影响。有时,即使你主观上要求自己一定要履行约定,即使你确实是个一诺千金的人,但客观上根本就没有履约的条件,或者客观情势根本就不允许你去做所答应的事情,你的决心再大也是枉然。因此,做出承诺之前一定要审时度势,心中有数,以免将来实现不了,有损你的信用。

大师金言

一个人一生中会有这样的时刻,这一时刻将决定他整个的未来。然而不论这时刻多么重要,人们却很少有思想准备,并按自己的意志去行动。

——法国作家大仲马

07 抓住机会别放手

经常听到一些人埋怨机会不等，命运不公，总觉得自己碰不到机会。看到别人成功就叹息"他的运气怎么那么好"。实际上，每个人都会面临各种机会，甚至机会常常在你身边游荡，就看你是否能抓得住它。

没有机会，就要创造机会。富人常说："我总有机会！"穷人的借口是："我没有机会！"失败者常说，他们之所以失败是因为缺少机会，是因为没有得到命运之神垂青，好位置都让别人捷足先登了，等不到他去竞争。富人决不会找这样的借口，他们不等待机会，也不向别人哀求，而是靠自己的努力去创造机会。他们深知，唯有自己才能给自己创造机会。

亚历山大在某一次战斗胜利后，属下问他："是否等待机会来临，再去进攻另一个城市？"亚历山大听了这话，竟大发雷霆，他说："机会？机会是要靠我们自己创造出来的。"创造机会，便是亚历山大成就伟业的原因。因此，唯有去创造机会的人，才能建立轰轰烈烈的丰功伟绩。如果

第四章
富人是这样炼成的

一个人做一件事情，总要等待别人给他机会，是永远也不会成功的。一切努力和热望，都可能因等待机会而付诸东流，而那机会最终也不可得。

任何成功的机会都是靠自己的奋斗得来的，不经过奋斗，机遇不会自动闯进你的家门。而有了机会，也要毫不犹豫地抓住。可惜，有的人，常常没有抓住机会，一再地错过成功的机会。乐观的人在每次忧患中，都能看到一个机会。而悲观的人，则在每个机会中，都看到某种忧患。

有位年轻人想发财想得发疯，一天，他听说附近深山里有位白发老人，若有缘与他相见，则有求必应，心想事成。

于是，那年轻人连夜收拾行李，赶上山去。他在那儿苦等了5天，终于见到了那位传说中的老人，他向老者恳求恩赐于他。

老人告诉他："每天清晨，太阳未东升时，你到海边的沙滩上寻找一粒'心愿石'。其他石头是冷的，而那颗'心愿石'却与众不同，握在手里，你会感到温暖而且会发光。一旦你寻到那颗'心愿石'，你所祈愿的东西就可以实现了。"

每天清晨，那年轻人都会在海滩上捡石头，发觉不温暖又不发光的，他便丢下海去。日复一日，月复一月，他在沙滩上寻找了大半年，却始终也没找到温暖发光的"心愿石"。

有一天，他如往常一样，在沙滩下开始捡石头。发觉不是"心愿石"便习惯性地丢到大海里去，一粒、二粒、三粒……

突然，"哇……"

年轻人大哭起来，因为他突然意识到，刚才他习惯性地扔出去的那块石头是"温暖"的——机会的出现只是一瞬间的事，而抓住机会就等于抓住了财富。

有许多人终其一生，都在等待一个足以令他成功的机会。因为等待成功的机会而耗去了过多的时光。事实上，机会无所不在，关键是当机会出现时，你是否已准备好了，是否能抓得住。

有机会而不去把握，你便永远不知道在前面等待你的是什么样的好运。成功者之所以能成功是因为眼光敏锐，能够及时发现机会，把握时机，发挥优势，进退自如，只有这样才能在竞争中立于不败之地。

大师金言

最会赚钱或事业最成功的人，肯定不是最聪明也不是学历最高的人。

——美国成功学大师戴尔·卡耐基

第四章
富人是这样炼成的

08 一定要清楚自己的家底

一个与犹太商人谈判的日本商人在谈判桌前晕倒，他醒来说的第一句话是："犹太人的心算太厉害了，厉害得叫我哑口无言。"

犹太人认为，机会稍纵即逝，必须快速心算。运用数字，每一处都不可模糊；运算数字，每一处都要绝对精确。

在商场上，犹太人绝对容不得模棱两可，商定价格时非常仔细，一个美分的利润都计算得清清楚楚，一个美分的税金都计算得明明白白。他们不仅算得特别清，而且算得特别快。他们可以在你介绍了一个员工月薪多少之后马上报出这个员工一个小时可以得到多少美元的报酬；可以一看总产量、员工日产量等相关要素，立即算出产品的单位成本。这能够使他们在商业伙伴报价之后立即算出对方的利润额，从而及时调整还价的对策。

讨厌数字的经营者，他的企业一般能维持多长时间？犹太人立马可以给出答案：这样的企业已经死亡。

怎样训练这种计算能力呢？这要让你付出耐心和时间，比如，时时记录各项收支；经常翻看、回想各项收支；留意外出时看到的各种数字，与自己的记录联系起来想；挂完电话即心算电话费；在超市浏览各类物品，看其价格，算其成本，评估其折旧程度，并随时在记事本上记录下来。

犹太人因为心算快，算得准，所以在错综复杂的商场上能够做出又快又准的决策，镇定自如，常获全胜。他们对数字有绝对的自信心，但他们的皮包里仍然一直备有计算器。

犹太人会算，还有一个好处，那就是很容易摸清家底。犹太商人认为，会干的不如会算的。管钱是摸清家底的好办法。你心中无数，不知道自己的家底有多大，怎么可能用准钱、办好事？摸清家底，可以及时拿出对策，或者投资，或者改变投资策略，都可以保证你正确的决策。因此，

第四章
富人是这样炼成的

犹太人认为无论是普通家庭主妇，还是小店的掌柜，或者是公司老板，都应像个账房先生一样不停地盘算你的家底，做到有多大能耐办多大事。

动用的金钱数目越大，人对金钱的感觉就会变得越麻木。在犹太人看来，凡是挣钱的人，都不能稀里糊涂，挣多少算多少，最起码应该弄明白想挣多少钱，必须先要算好钱，心里有一本明明白白的账。这个问题看似简单，其实不然，尤其是始终要有精确的算钱术，就更难了。

大师金言

我更关心收回多少本金，而不是赚到多少利息。

——美国作家马克·吐温

09 每天多走一英寸

一英寸的长度也许是微不足道的,它只比你的手指宽了一点点。但是,就是这些微不足道的一英寸,就会让你的工作发生很大的变化。尽职尽责地完成自己工作的人,只能算是一名合格的员工,如果多那么一英寸,你就完全可以变成一名优秀的员工,让你的老板对你刮目相看。

有人曾做过一些调查研究,发现事业成功的人与平庸的人付出的努力其实相差很小,就多出了那么"一英寸"的距离。但其结果,却不只一英寸那么小。

只要多那么一点点的努力就会得到更好的结果。谁能使自己"多走一英寸",谁就能得到千倍万倍的回报。

詹妮小姐可谓是深谙其中秘密的人,看看她是怎么做的吧!

詹妮小姐是一家公司的打字员,一个周五的下午,同楼层的一位其他部门的经理走过来问她,哪里能找到一位打字员,他必须马上找到一位打字员,否则没法完成当天的工作。

第四章
富人是这样炼成的

詹妮告诉他,公司所有的打字员都已经度周末去了,3分钟后,自己也将离开,但詹妮没有丝毫犹豫便留了下来帮助这位经理。在詹妮心目中,"工作必须在当天完成,这比度周末更重要"。

事后,经理问詹妮要多少加班费。詹妮却开玩笑地说:"本来不要加班费的,但你耽误了我看演唱会,那可值500美元呢,你就付我500美元吧。"

詹妮以为事情就这样过去了,丝毫没有放在心上。

但3个礼拜后,她接到了一个信封,是那位经理让人送过来的,里面除了500美元,还有一封邀请函,经理请詹妮做自己的秘书,经理在信中表示:"一个宁可放弃看演唱会的机会而工作的人,应该得到更重要的工作。"

詹妮只是多走了一英寸,为那位经理多做了一点小事情。这位经理并没有特权要求詹妮放弃休息日来帮助自己,但詹妮却这样做了,不仅得到了500美元,还使自己得到一项更好的职务。

"多走一英寸"其实是一个人人都懂的秘密，关键看你是否去"走"。工作中，有许多地方都可以多走"一英寸"，大到自己的工作态度，小到接听一个电话、送一封信件，只要能"多走一英寸"，将会有意想不到的回报。

如果你是一名发货员，也许会在发货单上发现一个与自己毫无干系的错误；如果你是一名送信员，也许会在公司的信函上发现一个印刷错误；如果你是一名打字员，也许可以像詹妮一样做一些自己职责以外的事情……这些也许不是你职责范围内的事情，但是如果你多走了一英寸，就会离成功更近一些。

也许你多走的这一英寸无法立刻得到回报，但要记住，付出必有回报，这是一个历经检验的法则，不要对此有所怀疑，应该坚定不移地、一英寸一英寸地走下去。

"多走一英寸"不仅是要我们多做一点努力，更重要的是要把自己分内的事做得更完美。每个人所做的工作，都是由一件件小事构成的，但不能因为这些事小而敷衍了事，而应该在完成任务的基础上，再多走上一英寸，争取做得更完美。

每一件事都值得我们去做。不要小看自己所做的每一件事，即便是最普通的事，也应该全力以赴、尽职尽责地去完成。小任务顺利完成，有利于你对大任务的成功把握。一步一个脚印地向上攀登，便不会轻易跌落。通过工作获得真正的力量的秘诀就蕴藏在其中。

当你每天"多走一英寸"时，你已经比你周围的人具有了更多的优势，这不但能显示你勤奋的美德，还能发挥你的工作技巧与能力，你的上司和客户都会乐于与你合作，使你具有更强大的生存能力。不要总以"这不是我的工作"为由而逃避责任。当你为公司多付出"一英寸"时,你的发展也就多了不只一英寸。

"每天多走一英寸",不是语言上的表白,而是要具体落在行动上,如果你每天都能坚持这样,那么你会有怎样的进步呢?不要以为一英寸的长度老板看不到,其实,老板每时每刻就在你的身后,对你的每一点进步都心知肚明。不过,更重要的,是你从这"一英寸"中获得了经验的积累、知识的补充,这都是取得成功不可或缺的要素。

"每天多走一英寸"其实并不难,我们已经付出了百分之九十九的努力,已经完成了绝大部分的路程,再增加"一英寸"又有什么困难呢?"每天多走一英寸",需要的是一种责任感、一种决心、一种敬业的态度和一种自动自发的精神。少走一英寸,你不会失去什么,多走一英寸,也许前面就是一处绝妙的风景。富人懂得这样的道理,所以,他们绝不吝惜每天多走一英寸。

大师金言

只有你自己,才能塑造出适合你自己扮演的成功者的角色。所以,你要走的道路,要完成的事业,只能靠自己决定,别人对你所造成的影响非常有限。

——加拿大实业家金克雷·伍德

第五章
敢于创新才能赢得未来

  创新是人最重要的能力之一。没有思维中的创新就没有实践中的创新。没有实践中的创新，何谈创富目标的实现呢？创新并不难，只要我们潜心努力，抓住瞬间的灵感，就会随时发现它，并将它转变为财富。

01 一个触摸的瞬间，
产生难忘的灵感

　　创新是人最重要、最宝贵、层次最高的能力之一。它指人产生新思想，创造新事物的能力，也就是说它是人的认识能力和实践能力的结合。如果让你举出创新的例子，可能你会脱口而出：爱迪生发明留声机、贝尔发明电话，某医学家研制成治疗某疑难病的药品，某物理学家发现了一个自然规律。的确，这是创新。但创新不是某些行业的专利，也不是只有科学家、艺术家才具备。

　　创新其实很简单，一个低收入的家庭制订出一项计划，使孩子能进一流的大学，这就是创新。一个家庭设法将附近脏乱的街道变成邻近最美的地区，这也是创新。想法子简化资料的保存，或向"没有希望"的顾客推销，或让孩子做有意义的活动，或使员工真心喜爱他们的工作，或防止一场口角的发生，这些都是很实际的每天都会发生的创新的实例。

　　只要我们潜心努力，创新随时可见。对某一个人而言，创新可能是指

第五章
敢于创新才能赢得未来

发现一个新的星体,对另一个人来说,可能就是打网球,或者只是试试新玩意儿而已。心理学家马斯洛认为,煮一碗第一流的汤比画一幅二流的图画更有创新性。要想在事业上有所成就,让生活富有新意,我们就需要时时挖掘、提高自己的创新能力。创新更是拥有富裕生活的必经之路。

超市的兴起,是对传统的店员站柜台的经营形式的一次革命。第一个敢"吃螃蟹"的人,就是田纳西州曼菲斯的克莱伦斯·桑德。

某日,桑德看到人们在当时新兴的快餐馆排长龙选菜吃,他灵感一闪:能不能在杂货店里也采取这种让顾客随意挑选,然后进行包装的经营形式呢?他高兴地把这个念头讲给老板听,不料遭到老板的大声斥责:"收回你这个愚蠢的主意吧,怎么能让顾客自己选择,自己包装呢?"可桑德并不认为这是个"愚蠢的主意",他明白如果这样做,肯定可以给顾客一种更轻松、更自在的购物心情。

于是，桑德辞去公司的工作，自己开了一家小杂货铺，开始实施他想到的全新的经营理念和方式。很快，这种新颖的经营形式吸引了大批的顾客，桑德的小店门庭若市，生意兴隆。于是，他又接二连三地开了很多家分店，生意迅速蓬勃发展起来。这就是当今风靡世界各地的超市的先驱。

创新不需要天才，有时只在于找出新的改进方法。任何事情的成功，都是因为能找出把事情做得更好的办法。那么，怎样发展、加强创造性的思考呢？

培养创造性的思考的关键是要相信能把事情做成。要有这种信念，你的大脑才会运转，去寻求做这种事的方法。

人们为了取得对新事物的认识，总要探索前人没有运用过的思维方法，寻求没有先例的办法和措施去分析认识事物，获得新的认识和方法，从而锻炼和提高人的认知能力。

在实践过程中，运用创新性思维提出的一个又一个新的观念，形成的一种又一种新的理论，做出的一次又一次新的发明和创造，都将不断地增加人类的知识总量，丰富人类的知识宝库，使人类去认识越来越多的事物。没有创新性思维，没有勇于探索和创新的精神，人类的实践活动只能停留在原有的水平上，人类社会就不可能向前发展、前进，最终必然陷入停滞甚至倒退的状态。

创新有大有小，内容和形式可以各不相同。创新活动不仅是科学家、发明家的专利，很多人都可以进行创新性的活动，生活、工作的各个方面都可以迸发出创造的火花。事业上新的追求、新的理想、新的目标会不断产生，在为新事业的创造奋斗中，实现这些新的追求、理想、目标，就会产生新的幸福。创新是永无止境的，创富的过程也没有终点，人类社会正

第五章
敢于创新才能赢得未来

是在一个不断发展、不断创造的过程日益发展。

世界上因创新而获成功的人简直不胜枚举。

美国吉列公司创始人——坎普·吉列生于1855年，在创办自己的公司之前，做了连续24年的推销员，一直到他40岁的时候，他的人生还没有任何起色。直到有一天，当他手托下巴陷入沉思的时候，那刮不干净的胡须扎了一下他的双手，同时也刺激了他的思绪：每个男人都需要刮胡子，而刮胡子就需要剃须刀。一想到剃须刀，他顿时高兴地跳起来，联想到自己修面整容时的很多不便以后，他暗暗下决心，一定要开发出一种"用完即扔"的剃须刀，实现自己的发财梦想。

正是吉列发明的小小的剃须刀，使得世界上所有的男人改变了剃须的方式。1901年，吉列创办了自己的公司。

经过艰苦探索，吉列又于1903年研究出一种替代传统剃刀的安全的剃须工具，他将其称为安全剃刀。尽管这只是一种小商品，但它十分适应男士的需求，因为它既便于携带，又比传统剃刀安全。

按道理说这种剃刀应该很畅销才对，岂料销售状况惨淡，整整一年只卖出53把，刀片也才销出170多片。吉列经过认真的总结和思考后，制定了一系列的方案。他首先请一位漫画家给产品设计了几幅漫画，以生动而幽默的形象突出了安全剃刀的特点。其中有两幅最引人注目：一幅画有一个长满胡子的男人，正含情脉脉地与一位年轻小姐谈情说爱。这位小姐一只手指着男朋友的胡子，另一只手摸着自己光滑的脸腮，显出很厌恶的表情。另一幅画上，那男子的眼光惊奇地盯着一把吉列安全剃刀。

吉列将这几幅宣传漫画张贴在火车站、戏院门前、商店两旁，乃至街头上，使过往行人均能看到。此举果然效果很好，第二年剃刀卖掉近4万把，刀片30万片。此后，销售量每年都有大幅度的增长。吉列安全剃刀很快便广为男士使用了。

以漫画促销，并辅以一系列其他创新，吉列最终成为一个成功者，这就是创新带给吉列的奇效。

人的可贵之处在于创造性的思维。一个有所作为的人只有通过有所创造，才能体会到人生的真正价值和真正幸福。创新思维在实践中的成功，还能激励人们以更大的热情去继续从事创造性实践，为我们的事业做出更大的贡献，从而实现人类的更大价值。

在商业实践中，一个企业的成败往往决定于商品的特色。有特色的商品，源于聪明的头脑。

格德纳是加拿大一位普通的公司职员，由于长期在公司里得不到升迁，他一直情绪不佳，工作上更是懈怠。1981年的一天，格德纳懒洋洋地在复印机上印文件，因为思想不集中，失手把一瓶液体打翻，正巧洒在刚印好的文件上。当他拿起复印好的影印件时，发现在被那瓶液体弄湿的部

第五章
敢于创新才能赢得未来

分留下了漆黑的斑块。他抓住这份影印件看了又看，眼中忽然闪烁出欣喜的光芒，心想："如果把这种现象利用起来，我一定能发财……"

回到家里，格德纳用这种液体反复进行试验。在多次失败后，他终于研制出一种特殊的纸——防影印纸。这种纸覆盖着一种深红色物质，能吸收复印机灯光，使复印出的文件漆黑一团，即使用精确的放大镜也看不出任何字迹。然而，用这种纸写字、打字以及印刷图文，却是清晰可辨。

1983年，格德纳和合伙人沃迪奇在加拿大蒙特利尔开办了一家专门生产防影印纸的"加拿大无拷贝国际公司"。虽然这种纸价格不菲，要0.65法郎一张，但是由于它能作为保密文件、机密技术资料、军事材料、秘密图纸的用纸，能有效地防止别人盗印，仍然很受欢迎。仅在1985年，防影印纸就售出了2.5亿张。如今，格德纳已成为令人羡慕的亿万富翁。

创意是经营者通向富有的捷径，企业家的高低优劣之分也往往因此而产生。茫茫商海，千帆竞渡，但只有那些有独辟蹊径的具有开拓精神的水手，才能迅速抵达彼岸。

大师金言

做企业，就是选择每天都睡不好觉的生活，白天你用前面的脑子想问题，晚上还得用后面的脑子想问题。

——合生创展集团董事局主席朱孟依

02 打破一切常规

在变幻莫测的市场竞争中,要想生存下来,站稳脚跟,就要多用心思,勤奋思考。要想使自己获得更大的成功,就要找到一条与众不同的出路,可是,现实中,我们常常被"非此即彼"的思维定势所束缚。结果,在旧思维模式的无形框框中,思维的灵活性被扼杀了。

第五章
敢于创新才能赢得未来

拿破仑在滑铁卢战役失败之后,被终身流放到圣赫勒拿岛。他在岛上过着十分孤独而艰苦的生活。后来,拿破仑的一位密友听说此事,通过秘密方式赠给他一件珍贵的礼物——一副象棋。这是用象牙和软玉制成的国际象棋。拿破仑对这副精制而珍贵的象棋爱不释手,后来就一个人默默地下象棋,以此打发孤独和寂寞的流放生活,直至最终慢慢地死去。

拿破仑死后,那副象棋多次以高价转手拍卖。最后,象棋的所有者在一次偶然的机会中发现,其中一个象棋的底部可以打开。打开后,他惊呆了,里面竟密密麻麻地写着如何从这个岛上逃出的详细计划。拿破仑曾不厌其烦地把玩这副象棋,却没有在玩乐中领悟到朋友的良苦用心。因此,他到死也没有逃出圣赫勒拿岛。这恐怕是拿破仑一生中最大的失败。

拿破仑一生征战南北,纵横欧洲,用许多别人想不到的方法,征服了一个又一个国家,但是,他没有想到最后竟然死在常规思维上。如果他像发挥他的军事天才那样思考一下象棋,解除排遣寂寞之外的用意,他的命运很可能再次改变。

常规是我们解决问题的一般性思维,它能凭经验轻车熟路地完成一些工作,解决平常的一些问题,打破常规则会使我们面对完全不同的天地。

一位心理学家说过:"只会使用锤子的人,总是把一切问题都看成是钉子。"卓别林主演的《摩登时代》里的主人公也一样,由于他的工作是一天到晚拧螺丝帽,所以一切和螺丝帽相像的东西,他都会不由自主地用扳手去拧。

规则固然非常重要,可是,如果我们想获得创新,那么墨守规则反而成为一种枷锁。创造性思维既要求具有建设性,更要求能打破陈规。经常地反思、检查会使我们的思维流动起来，不因规则而僵化。

打破常规意味着变通，变通能够让我们的思维活跃起来，从而触类旁通，不局限于某一方面，不受消极思维定势的桎梏，从多方面选择和考虑问题，越过思维定势的障碍。同时，变通又是创造力中求异思维的较高级层次，它使我们的思维沿着不同的方向扩散，表现出极其丰富的多样性，使人产生超常的构思，提出不同凡俗的新思想、新观点。

也许有人会说，打破常规、寻求创新都是在一些大事情上面。其实，这种想法是不完整的，小事上的创新也可以达到很好的效果。

一个百货公司的老板去检查他的一个新售货员，问："你今天服务了多少客户？"

"一个。"小伙子回答。

"只有一个？"老板说，"你的营业额是多少呢？"

售货员回答："58 334美元！"

老板大吃一惊，让他解释一下。

"首先，我卖给他一个鱼钩，然后，卖给他鱼竿和鱼线。接着，我问他在哪儿钓鱼，他说在海滨，于是，我建议他应该有只小汽艇，他便买了一条20英尺长的快艇。当他说他的轿车可能无法带走快艇时，我又带他到机动车部卖给他一辆福特小卡车……"

老板惊讶地说："你卖了这么多东西给一位只想买一个鱼钩的顾客？"

售货员回答："不，他来只是为了给他的妻子买一瓶治头痛的阿司匹林。我告诉他，夫人的头痛除了服药外，似乎更应该注意放松。周末快到了，你可以考虑去钓鱼！"

第五章
敢于创新才能赢得未来

瞧，这个小售货员的思维是多么灵活，如果他按常规去做，只是简单地卖出一瓶阿司匹林，应该说也没错，但他却把身体疾病的治疗，延伸到了精神的调养和对自身的陶冶上，使客户受益，自己和公司也受益。

我们正处在一个前所未有的竞争的时代，打破常规，创新进步，摆脱惯有的思维定势，对每一个人都是非常重要的，相信下面的故事大家都听过，尽管有各种各样的版本，但我还是想不厌其烦地讲述一遍。

在一家效益不错的公司里，总经理叮嘱全体员工："谁也不要走进八楼那个没挂门牌的房间。"但他没有解释为什么，员工都牢牢记住了总经理的叮嘱。

一个月后，公司又招聘了一批员工，总经理对新员工又交代了一次上面的叮嘱。

"为什么？"这时有个年轻人小声嘀咕了一句。

"不为什么。"总经理满脸严肃地答道。

回到岗位上，年轻人还在不解地思考总经理的叮嘱，其他人都劝他干好自己的工作，别瞎操心，听总经理的没错，但年轻人却偏要走进那个房间看看。他轻轻地叩门，没有反应，再轻轻一推，虚掩的门开了，只见里面放着一个事先写好的信封，上面用红笔写着："请把这封信送给总经理。"

年轻人擅自闯入禁区，大家都为他担心，劝他赶紧将那封信放回原处，大家为他保密。年轻人偏不信邪，拿着信封直奔总经理办公室。当总经理看到这个年轻人拿着信封走进来时，严肃的脸上露出一丝笑容。他当即宣布了一个惊人的消息："从现在起，你被任命为销售部经理。"

年轻人不解地问："因为我把这封信拿给你了吗？"

"没错，我已经等了快半年了，我相信你能胜任这个工作。"总经理自信地说。

半年过去了，这个年轻人在自己的岗位上做得有声有色，销售业绩不断攀升，成为公司发展的核心人物。

从这个故事中，我们可以认识到，打破常规，不仅要有创新精神还要有冒险精神，要敢于闯禁区，因为那最大最好的果实往往就在那个又险又陌生的地方，敢为天下先，才可成就大事业。职场中更是这样，机会往往只有一次，抓住了便成功，失去了恐怕就不会再有了。

大师金言

不管你在哪里工作，都别把自己当成员工，应该把公司当成自己开的一样。你每天都必须和好几百万人竞争，不断提升自己的价值，虚心求教。这样你才不会成为某一次失业统计数据里头的一分子。

——英特尔总裁安迪·葛洛夫

03 发现你的创新潜能

也许你并不是一个富有创新思维的人,但你却可以发展自己所有的创新潜能,从而对你的创富有所帮助。

在激烈多变的市场竞争中,创新最能出奇制胜,使你迅速脱颖而出。创新并不需要天才,它就在生活之中。所以创新的关键在于发展创新思维。

派克笔公司创始人乔治·派克原是美国威斯康星州的一名电信技术老师,他曾为找不到既适合手握又出水流畅的好笔而发愁。为了增加收入,乔治·派克利用业余时间给一家自来水笔公司当销售经纪人,他的学生成了他的主要客户。同当时的许多钢笔一样,这些笔总是有技术问题,不是漏墨水就是不出墨水。在接到许多学生的抱怨后,乔治·派克开始义务为学生修笔。他把每一支笔拆开,修好后再还给学生。

为了根除这些毛病,凭借着在机械方面的经验,乔治·派克自己研制出了一种与今天人们所使用的自来水笔原理大致相同的新式笔。他为自己的作品取名为"拉奇克夫",意思是"可带来好运的笔"。世界上第一支派克自来水笔就这样正式诞生了。

1888年,乔治·派克在美国威斯康星州创办了以自己的名字命名的"派克自来水笔公司",开始生产自己设计出来的优质钢笔。派克认为,只有使产品性能日趋完善,人们才会大量购买。这个经营理念一直指导着派克公司致力于制造"更好的笔"。1898年,派克注册了易装易拔的笔套专利。次年,第一支管套无接缝钢笔问世。在当时,这种笔被认为尽善尽美,因为钢笔内的墨水在任何情况下都不会再漏出来了。由于这种笔书写流畅干净,具有良好的储墨性,为自来水笔带来了革命性的转变。这种笔很快就成为当时美国社会地位与身份的象征,派克也由此获得了巨额财富。

后来,乔治·派克为生意日益兴隆的公司找到了一个投资者——保险经纪人W. F. 帕尔默。帕尔默用1000美元买下了派克公司一半的专利和资产所有权。自此,公司步入了正规的商业运营。派克经过一系列的努力探索,使派克笔在款式、性能等各方面都有了很大的提高,并研发出一系列的相关产品。

第五章
敢于创新才能赢得未来

第一次世界大战爆发后,派克偶然发明了一种"战壕笔",这种笔的笔筒里有一个小墨球,向里面注入清水后就会变成墨水。这样独一无二的设计大大方便了战场上的士兵,使他们不出战壕就可以解决灌墨水的问题。当时的美国战争部随即与派克公司签订了这种战壕笔的采购合同,从而使派克公司在战争中依然有较快的发展。

1933年,乔治·派克专门请艺术家约瑟夫·普拉特为派克笔设计了著名的慧箭标志,自此,派克笔成为优质书写工具的象征,被全世界公认为最完美的钢笔之一。直到今天,世界上还没有任何一种品牌的笔能像派克笔那样声誉显赫。

灵感是思想的火花,往往一闪而逝,但它却是创新的绝好材料,所以必须抓住你闪动的灵感,从而达到创新的目的。

几乎每一个成功者都是在充分发挥了自己优势的基础上取得成功的。有时,我们无意中的一个小主意可能会带来创富的大好机会。有许多成功的范例,都是从现实生活中的小事所触发的灵感而引起的。

G.克鲁姆是美国印第安人,他是炸马铃薯片的发明者。1853年,克鲁姆在萨拉托加市一家高级餐馆中担任厨师。一天晚上,来了位法国人,这位客人喜欢吹毛求疵,不是挑剔克鲁姆的菜不够味,就是嫌油炸食品切得太厚,无法下咽,令人恶心。克鲁姆气愤之余,随手拿起一个马铃薯,切成极薄的片,骂了一句便扔进了沸油中,结果炸出的马铃薯片好吃极了。不久,这种金黄色、具有特殊风味的油炸土豆片成为美国特有的风味小吃而进入总统府,至今仍是美国国宴中的重要食品之一。

对生活多留心,一点小事可能就是将你引上成功之路的千载难逢的机遇。

律薄曼是美国佛罗里达州的一名穷画家,他当时只有一点点画具,仅有的一支铅笔还削得短短的。有一天,律薄曼正在绘图时,却找不到橡皮擦了。费了很大劲儿才找到时,铅笔又不见了。铅笔找到后,为了防止再丢,他索性将橡皮用丝线扎到铅笔的尾端。但用了一会儿,橡皮又掉了。

"真该死!"他气恼地骂着。律薄曼为此事琢磨了好几天,终于想出了一个主意:他剪下一小块薄铁片,用它把橡皮和铅笔绕着包了起来。果然,用一点小功夫做好的这个玩意相当管用。后来,他申请了专利,并把这专利卖给了一家铅笔公司,从中赚得55万美元。

有时候,机遇会自己找上门来,就看你能不能发现。鸿池善右是日本德川幕府时期全国十大财阀之一,而当初他不过是个东走西串的小商贩。

有一天,鸿池与他的佣人发生摩擦,佣人一气之下将火炉灰抛入了浊酒桶里,然后慌张地逃跑了。德川幕府末期,日本酒都是混浊的,还没有今天市面上所卖的清酒。第二天,鸿池查看酒时,惊讶地发现,桶底有一

第五章
敢于创新才能赢得未来

层沉淀物,上面的酒异常清澈。尝一口,味道相当不错,真是不可思议。后来他经过不懈的研究,认识到石灰有过滤浊酒的作用。经过十几年的钻研,鸿池终于制成了清酒,这是他成为大富翁的开端,而鸿池的佣人永远也不会知道,是他给了鸿池致富的机会。

这样的例子还有很多,只要你细心观察,勤于思考,就会发现身边有很多机会。

住在纽约郊外的扎克曾经是一个平庸的公务员,他唯一的嗜好便是滑冰,别无其他。纽约的近郊,冬天一到,到处会结冰,他一有空就到那里滑冰自娱,然而一到夏天就没有办法去滑个痛快了。去室内冰场是需要钱的,一个纽约公务员收入有限,不便常去,但待在家里又深感日子难熬。

有一天,他百无聊赖时,一个灵感涌上心头,"鞋子底面安装上轮子,不就可以代替冰鞋了吗?普通的路也可以当冰场了。"几个月之后,他跟人合作开了一家制造roller—skate的小工厂。没想到,产品一上市,立即畅销海内外。没用几年的时间,他就赚进100多万美元。

有了机遇还不够,还要有实力,实力就是要善于观察,有对生活的冲动。机遇只垂青于那些勤于思考的人。不然,有那么多人刮胡子、用铅笔,而发明安全刀片、带橡皮头铅笔的却只有一个。灵感无处不在,就看你能不能抓住它,把灵感变成创意,把创意变成现实的财富。

创新就是走在别人的前面,就是永远比别人快一步,就是永远动脑筋思考前面要走的路。创新真的是一条捷径,在创新中发展,往往会收到意想不到的效果。

内联升是由河北武清人赵廷集资万两白银于清咸丰三年(1835年)在北京东交民巷办起来的。当时的北京,制作朝靴的鞋店很多。赵廷经过反复思考，决定以制皇亲国戚、京官、外官的朝靴为主。他为鞋店起名叫内联升。"内"指的是"大内"，也就是宫廷；"联升"的谐音是"连升"，即步步高升之意，寓意顾客穿了该店的朝靴，官阶便会连连高升。内联升字号挂起之后，赵廷便在如何让朝靴适应朝事需要上做起了文章。他把朝靴底厚度定为32层，但厚而不重，鞋面用上等黑缎，色泽好，久穿而不起毛。朝中官员穿着它上朝，舒适轻巧，走路无声，风度翩翩，显得稳重干练，所以满朝文武都喜爱内联升的朝靴。

赵廷除了在制鞋质量上下功夫外，更是别出心裁，对于来店做靴的官员，内联升派专人接待，把做鞋的尺码、样式、面料等一一记下，编汇成册，取名《履中备载》。这样，只要在内联升做过一次鞋的官员，以后再要做朝靴，派人来说一声就可以了，大大方便了顾客。对进京赶考的举子，进店定做鞋子的，赵廷也安排专人把尺码等一一记下，汇入《履中备载》。这样，有考中的举子，当了官要做朝靴，内联升便可随时奉上。

《履中备载》还有一妙用，它为小官、外官在官场中的应酬提供了方便，不管是哪位官员想要给上级官员送上一双朝靴，内联升都能满足要求。送礼者送上一双内联升的朝靴，再说上几句"步步高升"的话，受礼者一定会十分高兴、满意。

要走创富之路，一定要具备创新能力，尤其是在今天这样激烈竞争的时代，墨守成规必然落伍，必然在创富中被淘汰。在美国，大多数经济上的成功者都具有创新能力。很多人对此可能很不服气，因为这些成功者的创新招数说出来并不惊天动地，很多普通人也能想到。我们承认，很多创新的东西确实不难，但值得深究的是为什么如此简单的东西有人能想到，有人却想不到。

第五章
敢于创新才能赢得未来

大师金言

每隔3年我们都要好好审视一下几年来取得的成绩,这非常重要。任何一成不变的公司都很可能遭到淘汰,我们已经有太多的前车之鉴。

——美国企业家、慈善家比尔·盖茨

04 有品牌才能
　　赚大钱

美国著名管理大师杰弗里说："创新是做大公司的唯一出路。"我们现在所面对的世界，不是一个故步自封的世界，而是一个充满竞争的世界，而这种竞争主要是创造力和创造性的竞争，唯一持久的竞争优势是来自比竞争对手更快的革新。没有革新和创造，就只有死亡和破产。即使是富人也很难长久地保持富裕。

被日本商界引为"经典范式"的"引进——消化——创新"的经营模式，使得日本经济迅速腾飞。

20世纪，日本人在向美国人学习时曾提出：每天进步1％。这种可贵的精神很值得中国人借鉴。"拿来主义"的精髓不在于模仿，而在于改良创新。只引进而不予消化，如同拥有丰富的藏书而从不翻阅，引进的也不过是一堆废物，难以变成自己的，更不用说在消化吸收的基础上有所提高了。消化技术方能利用技术，这一点是极为重要的。消化是为了创新，引

第五章
敢于创新才能赢得未来

进技术不仅是要在本国本地区开辟市场,还要与技术输出国或技术输出地区进行竞争,争夺市场。这就需要创新,"青出于蓝而胜于蓝"是一种高境界。这就是经典的"引进——消化——创新"的经营范式。

日本人有一个良好的传统就是虚心学习外族文化,并加以改良。日本人就是这样学东西的:只要他认为你的某一方面比他强,就会认认真真地学、原原本本地学。当他真正学到手后,会在这个基础上改造提高,变成自己的核心竞争力。

企业的存在价值不在于生产仿造的商品,而在于生产有自己独到之处的商品。例如香港文具大王陈绍良就是从模仿改良到自成一家的。

当18岁的陈绍良孤身一人来到香港时,身无分文,有的只是从小就立下的志向:做一名出色的技术工程师。从制造一颗小小的订书钉开始,陈绍良开始了自己的学徒生涯,同时也开始谋划着自己的创业大计。在很多人的眼中,订书钉可以说是很不起眼的,但在20世纪60年代,只有美国、日本和德国才有订书钉的生产技术,而这也正是香港文具事业的暴利时期。

陈绍良经常看到香港的市场上有这样的情况：买了订书机却又买不到订书钉。他敏锐地注意到当时香港的文具用品常常配套不全，于是想要改变香港文具市场支离破碎的状况，建立自己的文具事业。为了打破这种技术垄断，改变"为别人做嫁衣"的被动局面，陈绍良决心自己研究订书钉的生产技术。

1962年，陈绍良成立了自己的公司——香港通用文具制品有限公司，专门从事文具制品的生产销售，迈开了创业的第一步。

陈绍良从模仿开始做起，这种模仿并超越式的创新最大的好处是可以大大地缩短新产品的研制周期，降低研制费用。这是"取之于彼而胜于彼"的思维模式，它能使生产技术在较高的基础上更完善，更完美。

几年之后，陈绍良的"通用文具"系列产品EAGLE（中文意为鹰）羽翼渐丰，产品种类发展到起钉机、日历机、打孔机、文件夹、电话记事簿、多功能组合文具等200个品系，仅订书机就有50多种款式。

陈绍良生产的文具系列EAGLE早已成为香港名牌，并扬名国际市场，年产值超过亿元，在世界100多个国家和地区设立了分销网。陈绍良也从一名默默无闻的小学徒成为一位受人敬重的、成熟睿智的文具大王。

思想决定思路，思路决定出路。小试锋芒的陈绍良沿着这条小小的思路走出了一条宽广的大道。

联想集团的发展经历也值得借鉴。20世纪80年代，中国的电脑市场上只有为数不多的四五种美国品牌电脑以及技术性能相对落后的国产电脑，已经解决西文汉化问题而获得巨大发展的联想集团此时面临着战略选择。

以汉卡为龙头研制开发自己的电脑，带动电脑销售，在当时看来虽然

第五章
敢于创新才能赢得未来

是有利可图，但也面临着几个问题：企业实力不够，公司难以承担开发电脑整机需要的资金投入；对世界电脑技术的发展也还不熟悉，即便生产出自己的电脑，从长远来看可能会因为先天不足而没有大的发展前途；由于"联想"是一家计划外企业，当时也没有相应的国家政策支持他们自己生产电脑。

结合中国的国情，联想的决策层意识到选择一种质量、性能、价格都比较合适的外国电脑，以汉卡带动电脑销售并使之成为大陆的主导型电脑，这样做会有很多好处。第一，投资少，利于积累资金；第二，便于了解世界电脑的先进技术，积累市场经验；第三，便于建立自己的全国销售网络。最终，联想掌门柳传志选择了与美国AST公司形成战略伙伴关系。

按柳传志的计划，第一步，通过做代理，将世界上真正优秀的产品引进来；第二步，在适当的时候把生产线引进来，实现生产环节本地化；第三步，进一步实现技术转移，大大缩短与代理产品的技术差距，实现相关技术的本地化。最后的结果是，联想不但发展了自己，也为中国的整个计算机产业做出了巨大的贡献。在联想和我国其他计算机企业的共同努力下，我国计算机应用水平真正实现了与世界同步。

可以说，没有与美国AST公司的合作，就没有今天的联想电脑和联想激光打印机，也就没有出色的"联想"管理经验和成功的管理渠道。最重要的是，柳传志和"联想"从中学到了先进的管理经验并培养了人才。

经商要想做到自强、自主，就要学习别人的长处，进行消化和吸收，最根本的还是创新。模仿也好，创新也好，最终商家必须真正打造出属于自己的品牌，这样才能拥有最强的竞争力。

做生意不能只沿着一条路走下去，不创新，不前进，没有比别人大胆的思维突破，最终会被时代发展的大潮所淘汰。商人要想保持事业的长盛不衰，就必须随时进行自我更新。自我更新不仅仅是产品的创新，还要有管理上的创新，以适应不断变化的市场需求。创新，是事业做大的唯一出路。

大师金言

别人考虑如何开发产品，我们考虑如何创新产品。

——海尔集团总裁张瑞敏

第六章
不仅富有，而且拥有魅力

在那些真正靠自己的努力成为富人的人身上，都有可贵的品质，他们不会因为自己的富有而凌驾于他人之上，更不会随便吆五喝六以炫耀自己的财富。真正的富人是有修养有魅力的人。

01 修炼迷人的个性

世界上最伟大的推销员乔·吉拉德曾经告诫人们:"不要因为进门而来的顾客是孤身一人而丧失热情,给他一个满意的服务,他会引来一群顾客。"

对其他人的生活、工作表示深切的关心与兴趣可以使你的个性能够永远引人喜爱。

众所周知,共和国总理周恩来拥有独特的迷人的魅力。日内瓦会议期间,为了让世界更多地了解中国,中方代表团带了一些影片播放。代表团先是播放了一部国庆大阅兵的纪录片,想让世界看到新中国正在走向强大。但是一些人士看过后却说,中国要搞军国主义。在周总理的安排下,工作人员又播放了另一部影片,就是极度唯美主义的越剧《梁山伯与祝英台》。当时,工作人员担心外国人看不懂中国的戏剧,就准备了一些宣传资料,用很详细的英文介绍越剧,介绍梁祝的故事,足足好几页纸。请周

第六章
不仅富有，而且拥有魅力

总理过目时，周总理皱皱眉，这么长的剧情介绍，谁有耐心看得下去。最终稿周总理改的只剩一句话："请大家看中国的《罗密欧与朱丽叶》。"影片最后放映时，整个大厅挤满了人，完全超出了主办者的预料。影片结束时，所有人都默不作声，一直沉浸在那种悲剧的气氛里，稍后，所有人起立热烈鼓掌，为中国这么好的电影，为中国这么好的文化而鼓掌。这是周总理日内瓦外交中很小的但也是异常光彩的一笔。

真正迷人的个性必须具备以下几要素：

（1）养成让你自己对别人产生兴趣的习惯，而且你要从他们身上找

161

出美德，对他们加以赞扬。

（2）培养说话能力，使你说的话有分量，有说服力。你可以把这种能力同时应用在日常工作中。

（3）为你自己创造出一种独特的风格，使它适合你的外在条件和你所从事的工作。

（4）发展出一种积极的品格，使它产生一种强大的吸引力，使一切有助于你的力量凝聚在你的周围。

（5）学习如何握手，使你能够经过这种寒暄的方式，表达出真诚与友善。

（6）把其他人吸引到你身边，但你首先要使自己"被吸引"到他们身边。

（7）记住：在合理的范围之内，你唯一的限制就是你在你自己的头脑中设立的那个限制。

如果你能具有这些好的思想、感觉以及行动，便可以建立起一种积极的品格，然后学习，用有力的、具有说服性的方式来表达你自己，那么，你将展示出迷人的个性。

大师金言

一个人称自己的自由为一种权利，而他所给予别人的权利便是容忍。

——德国作家李普曼

第六章
不仅富有，而且拥有魅力

02 学会倾听别人的心声

世界上充满了善谈者，但却没有那么多会说话的人。在日常生活中，言谈得体是非常必要的。言谈得体的关键之一是使他人感觉舒服，没有盛气凌人，也没有卑微委琐；关键之二是不要垄断谈话，你自己搞一言堂；关键之三是帮助他人有目的的谈话。为此，应该做到：

（1）求同存异避免冲突。

（2）学会倾听。

（3）夸奖别人。

跟别人交谈的时候，不要以讨论异议作为开始，要以强调而且不断强调双方所同意的事情作为开始。不断强调你们都是为共同的目标而努力，唯一的差异只在于方法而非目的，这会让对方有认同感。

要尽可能使对方在开始的时候说"是的，是的"，尽可能不使他说"不"。

这种使用"是,是"的方法,使得纽约市格林威治储蓄银行的职员詹姆斯·艾伯森挽回了一名主顾。

"那个人进来要开一个户头",艾伯森先生说,"我就给他一些平常表格让他填。有些问题他心甘情愿地回答了,但有些他则根本拒绝回答。

"在我研究为人处世技巧之前。我一定会对那个人说,如果他拒绝对银行透露那些资料的话,我们就不给他开户头,我对我过去曾采取的那种方式感到羞耻。当然,像那种断然的方法,会使我觉得痛快。因为我表现出了谁是老板,也表现出了银行的规矩不容破坏。但那种态度,当然不会让一个进来开户的人有一种受欢迎和受重视的感觉。

"那天早上我决定采取一点实用的普通常识。我决定不谈论银行所要的,而谈论对方所要的。最重要的,我决意在一开始就使他说'是,

第六章
不仅富有，而且拥有魅力

是'，因此我不反对他，我对他说，他拒绝透露的那些资料，并不是绝对必要的。

"'是的，当然。'他回答。

"'你难道不认为，'我继续说，'把你最亲近的亲属名字告诉我们是一种很好的方法，万一你发生什么事，我们就能正确并不耽搁地实现你的愿望吗？'他又说，'是的'。

"那位年轻人的态度软化下来，当他发现我们需要那些资料不是为了我们，而是为了他的时候，他改变了态度。在离开银行之前，那位年轻人不只告诉我所有关于他自己的资料，而且还在我的建议下，开了一个信托户头，指定他的母亲为受益人，而且很乐意地回答了所有关于母亲的资料。

"我发现若一开始就让他说：'是，是'，他就会忘掉我们所争执的事情，而乐意去做我所建议的事。"

大多数的人，想要让别人同意他自己的观点，就会说很多的话，而结果却未必如愿。应该尽量让对方说话，他对自己事业和他的问题，了解得比你多。所以向他提出问题，让他告诉你几件事。

如果你对他的观点不同意，也许会很想打断他。千万不要那样，那样做很危险。当他有许多话急着说出来的时候，他是不会理你的。因此你要耐心地听着，抱着一种开放的心胸，要做得很诚恳，让他充分地说出他的看法。

法国哲学家罗西法古说："如果你要得到仇人，就表现得比你的朋友优越；如果你要得到朋友，就要让你的朋友表现得比你优越。"

为什么这么说呢？因为当我们的朋友表现得比我们优越，他们就有了一种重要人物的感觉；但是当我们表现得比他还优越，他们就会产生一种自卑感，羡慕和嫉妒。

由此可见，倾听使人获得收益：

（1）倾听可以使他人感受到被尊重和被欣赏。

（2）倾听能使我们真实地了解他人，从而增加沟通的效力。

（3）倾听可以减除他人的压力，帮助他人理清思绪。

（4）倾听是解决冲突、矛盾、处理抱怨的最好方法之一。

（5）倾听可以学习他人，使自己聪明，同时摆脱自我，成为一个谦虚的受人、欢迎的人。

（6）少说多听，还可以保护自己必要的秘密。

（7）少说多听，还可以减少自己说错话的几率。

当你说话过多的时候，就有可能把自己不想说出去的秘密泄露出来。这也许会给你带来不良后果。做生意谈判时，有经验的生意人常常先把自己的牌底藏起来，注意倾听对方的谈话，在了解对方情况后，才把自己的牌打出去。这样往往会收到意想不到的效果。

大师金言

上帝赐给我们两只耳朵、一个嘴巴，就是要我们少说多听。

——苏格拉底

第六章
不仅富有，而且拥有魅力

03 把荣耀留给别人，把利益留给自己

每个人都渴望别人的欣赏，渴望得到别人的肯定，这是人类的本性。我们一定要多夸奖别人，即使是用最普通、最平常的语言夸奖别人。对于你来说，也许是平常又平常的事，但对于别人来说，意义却非同凡响，它可以使别人愉悦，使别人振奋，甚至可以因为这句话而改变自己的一生。

曾经有一部风靡全球的电视连续剧叫《超人》，里面有这样一句话："一个人也可以改变世界。"这只是影视作品中的美好愿望。现实生活中，无论你从事什么工作，处于什么环境，都无法脱离其他人的支持而一个人完成所有的事情。所以，我们在各种各样的颁奖典礼上总会听到人们不厌其烦地说着"感谢我的领导，感谢我的同事，感谢某某人"，甚至我们听着这些套话都觉得虚假。可是，千万不要以为这些话是可有可无的套话，就算是客套话，该说也得说，该做也得做。因为荣耀不属于你一个人，成功的背后离不了他人的支持。

2004年7月,EMC总裁乔·图斯被授予摩根士丹利全球商业领袖奖,他在发表获奖感言时说:"能获得这项一直以来受人尊敬的奖项是一种荣耀,不过我作为美国EMC公司的CEO不能独享这个荣耀。这应该归功于在EMC公司与我共同工作的卓越团队。在将公司向更成功的方向推进的过程中,EMC公司遍及全球的21 000名员工倾注了无数的时间、精力以及创新的观念。"

乔·图斯的感谢是发自内心的。而他把他的荣耀归于他的团队和他手下两万多名员工,他的员工当然也会感到自豪,并且,会更加努力地工作,而他得到的将是更多的财富回报。

当然,如果你想独享荣耀,荣耀就可能不再光顾你。

王先生很有才气,他主编的一套图文并茂的图书很受欢迎,还得了一个国家奖。为此,出版社特意开了一次会表扬他的贡献。他除了得到新闻出版局颁发的奖金之外,社长另外还给了他一个红包。那份荣耀让他激动万分。但没过多久,王先生脸上就失去了笑容。因为他感到社里的同事,包括他的上司和属下,都在有意无意地和他作对。

他也不清楚是怎么回事,最后还是一个和他比较要好的同事提醒了他,"你得了奖,和你个人付出的辛苦是分不开的,但你别忘了,没有社长的支持,没有发行部门的努力,没有别的编辑的帮助,你那么一套大型图书那么容易就成功了?可是你连句感谢的话都没有,大家心里能好受吗?"

王先生这才恍然大悟,他拿出了一部分奖金,请大家大吃了一顿,但还是没能解决问题。

平心而论,这套书之所以能得奖,王先生真的是贡献最大,但是当有"好处"时,别人并不会认为他才是唯一的功臣,这么多人"没有功劳也有苦劳"啊,这是职场上习惯的思维方式,他"独享荣耀",当然就引起别人的不舒服了。尤其是他的上司，更因为如此而产生不安全感，王先生头上的荣耀，成了对他的威胁，上司当然会对他"另眼相待"了。

后来，王先生受不了同事的排挤、上司的打压，不得不辞职了。

所以，当你在工作上有特别表现而受到肯定时，千万记得——别独享荣耀，否则这份荣耀会为你带来人际关系上的危机。

要想保持荣耀并获得更大的荣耀，你应该做如下几点：

第一，把感谢的话说到位。比如，感谢同仁的协助，说自己只是个代表，功劳不属于自己一个人。尤其要感谢上司，真心感谢他的提拔、指导、授权。如果同仁的协助有限，上司也不值得恭维，你的感谢也是对你有帮助的，虽然只是客套，但却可以使你避免成为箭靶。就像领奖台上的得主们，要感谢一堆人，虽然别人听了腻味，但听到的人心里都会很愉快。当然，如果对真正为你提供帮助的人和"职场客情"同等感谢，这样做也是不合适的。所以感谢别人的帮助时，除了满足人情世故的需求之外，也应当把重点放在真诚上。

第二，荣耀要大家分享。口头上的感谢是必不可少的，实质的分享更不能缺了。请大家吃一顿，在美酒的激励下，更真诚地感谢一番，让人家知道你真的离不开他们的帮助。这时候最易沟通感情，就算你和其中的某一位曾经有过什么过节，这时说不定还可以化敌为友呢。

第三，要更加谦卑。人往往一有了荣耀，就会自我膨胀，就可能忘了"我是谁"了。你的同事就会另眼看你，要忍受你的骄傲和气焰，但要不了多久，他们会在工作上有意无意地抵制你，让你碰钉子。因此，有了荣耀要更谦卑，要不卑不亢不容易，但"卑"绝对胜过膨胀，别人看到你的谦卑，就不忍心找你麻烦，不和你做对了。

你获得的荣耀，可能是你一生最引为自豪的东西，但千万不要因此得意忘形，独享荣耀。因为中国是一个强调集体荣誉的国家，在这里，如果想取得更多的成绩，就要遵循将荣耀归于集体的潜规则。

就算荣耀是你一个人创造的，就算你是沃伦·巴菲特，就算你是比尔·盖茨，是乔布斯，你的辉煌荣耀也不是你一个人的，也不能一个人独享，因为你的背后一定有一个团队。所以，感谢、分享和谦卑都是必要的。本来，很多事就不是你一个人能完成得了的，因此，假若你真的很出色，那么就让别人来赞扬你。其实大家都很清楚，好坏一眼分明。把荣耀留给别人，把利益留给自己。

大师金言

道德和才艺是远胜于富贵的资产，堕落的子孙可以把贵显的门第败坏，把巨富的财产荡毁，可是道德和才艺，却可以使一个凡人成为不配的神明。

——英国戏剧大师莎士比亚

第六章
不仅富有，而且拥有魅力

04 微笑是带给别人
的一缕阳光

科学证明每个人的大脑都是不一样的，这就决定了每个人的思想意识都是不一样的，再加上一些主观和客观的因素，人的思想变化就更是难以琢磨。但是，再难以琢磨，人都有一个共同的特点，就是希望得到别人的理解。对方一旦发现你可以感知他、理解他，他自然而然就对你产生了好感，此时的你绝对可以引起他的注意，你的第一步已经成功了。你做到这第一点并不难，有时只是一个善意的微笑而已。

真诚的微笑不但可以使人们和睦相处，也能给人带来极大的成功。微笑真的很神奇，有时候，一个真诚的微笑甚至可以改变你的命运。

一个雨天的下午，有位老妇人走进匹兹堡的一家百货公司，漫无目的地在商场里闲逛，很显然是一副不打算买东西的样子。大多数售货员只对她瞧上一眼，便自顾自地忙着整理货架上的商品。

只有一位年轻的男店员看到了这位老妇人之后立刻微笑着上前，热情地向她打招呼,还很有礼貌地问她是否有需要他服务的地方。这位老太太对他说,她只是进来躲雨,并不打算买任何东西。这位年轻人还是很客气地对她说:"即便如此,我们仍然欢迎您的光临!"他主动和她聊天,以显示自己的确欢迎她。当老太太离去时,这位年轻人还亲自送她到门口,微笑着替她把伞撑开。这位老太太看着他那亲切、自然的笑容,不禁犹豫了片刻,凭着她阅尽沧桑的眼睛,她在年轻人的那双眼睛里读到了人世间的善良与友爱。于是,她向这位年轻人要了一张名片,然后告辞。

谁也没想到这位老妇人是什么人,而这位年轻的男店员也完全忘记了这件事。过了一段时间,这位年轻的男店员被公司叫到办公室去。老板告诉他,上次他接待的那位老太太是美国钢铁大王卡耐基的母亲。老太太给公司来信,专门要求公司派他到苏格兰,代表公司接下装潢一所豪华住宅

第六章
不仅富有，而且拥有魅力

的工作，交易金额数目巨大——这意味着他将受到重用。

老板高兴地对年轻人说："你的微笑是最有魅力的微笑！"

旅馆大王康拉德·希尔顿就是善于利用微笑而获得成功的典型。

希尔顿把父亲留给他的1.2万美元连同自己挣来的几千元投资出去，开始了他雄心勃勃的经营旅馆生涯。当他的资产从1.5万美元奇迹般地增值到几千万美元的时候，他欣喜而自豪地把这一成就告诉母亲，想不到，母亲淡然地说："依我看，你跟以前根本没有什么两样……事实上你必须把握比5100万美元更值钱的东西：除了对顾客诚实之外，还要想办法使来希尔顿旅馆的人住过了还想再来住，你要想出这样一种简单、容易、不花本钱而行之久远的办法去吸引顾客。这样你的旅馆才有前途。"

母亲的忠告使希尔顿陷入迷惘：究竟什么办法才具备母亲指出的"简单、容易、不花本钱而行之久远"这四大条件呢？他百思不得其解。他逛商店、串旅店，以自己作为一个顾客的亲身感受，得出了准确的答案——"微笑服务"，只有微笑才实实在在地同时具备母亲提出的四大条件。

从此，希尔顿开始实行"微笑服务"这一独创的经营策略。每天，他对服务员的第一句话是"你对顾客微笑了没有"，他要求每个员工不论如何辛苦，都要对顾客投以微笑，即使在旅店业务受到经济萧条的严重影响的时候，他也经常提醒职工，记住："万万不可把我们的心里的愁云摆在脸上，无论旅馆本身遭受的困难如何，希尔顿旅馆服务员脸上的微笑永远是属于旅客的一缕阳光。"因此，经济危机中纷纷倒闭后幸存的20％旅馆中，只有希尔顿旅馆服务员的脸上还带着微笑。结果，经济萧条刚过，希尔顿旅馆就率先进入新的繁荣时期，跨入了黄金时代。

美国《商业周刊》主编卢·扬在谈到企业管理时说："大概最重要、

最基本的经营管理原则乃是接近顾客，同顾客保持接触，满足他们今天的需要并预见他们明天的愿望。可是现在普遍忽视了这个基本前提。"美国的许多学者也通过对美国许多优秀公司的研究，总结出这样一句格言：优秀公司确实非常接近他们的顾客。企业如何接近顾客，微笑服务是法宝。

微笑不仅能带给你许许多多的好处，而且会让你体会到人生中人们互相信任的美妙。

微笑人人都会，在应付许多事时，当然需要一定的灵活度和口才艺术。急中生智，并非人人都行。这次应付过去，下次并不一定能够轻松应付。用微笑来应急是一件相当好的事，微笑有时充满一种神秘的色彩，当你微笑时，也是用一种无言的欣赏来回答，使对方内心感到温暖和舒服。

大师金言

万万不可把我们心里的愁云摆在脸上，无论希尔顿旅馆本身遭受的困难如何，希尔顿旅馆服务员脸上的微笑永远是属于旅客的一缕阳光。

——美国"旅馆大王"希尔顿

第六章
不仅富有，而且拥有魅力

05 为自己辩解不如
　　主动认错

一个有勇气承认自己错误的人，在某种程度上也能获得满足感。这不只可以清除罪恶感，而且有助于解决这项错误所造成的问题。承认自己有错，还要讲究技巧，要诚实面对。就像打拳击一样，伸着的拳头要想再打出去，必须先缩回来。如果你先承认也许是自己出了错，别人才可能和你一样宽容大度，包容你，给你机会。

当西奥多·罗斯福入主白宫的时候，他承认说，如果他的决策能有75%的正确率，就达到他预期的最高标准了。像罗斯福这么一位20世纪的杰出人物，最高希望也只有如此，更何况是你我呢？

如果你肯定别人弄错了，而直率地告诉他，结果又会怎样？举一个特殊的例子来说明。史密斯先生是纽约的一位年轻律师，曾在最高法庭参加一个重要案子的辩论。案子牵涉了一大笔钱和一项重要的法律问题。

在辩论中，一位最高法院的法官问史密斯先生："海事法追诉期限是6年，对吗？"律师楞了一下，看看法官，然后直率地说："不，庭长，海事法没有追诉期限。"庭内顿时静默下来，史密斯先生这样讲述他的经验,"似乎气温一下就降到冰点。我是对的,法官是错的,我也据实告诉了他。但没有因此而高兴,反而脸色铁青,令人望而生畏。我仍然相信法律站在我这一边,我也知道我讲得比过去都精彩。但我却铸成大错,当众指出一位声望卓著、学识丰富的人错了。"

没有人能永远保持逻辑性的思考。我们多数人都会犯武断、偏见的毛病,都具有固执、嫉妒、猜忌、恐惧和傲慢的缺点。因此,如果你很想指出别人犯的错误时,请在每天早餐前坐下来读一读下面的这段文字。这是摘自詹姆士·哈维罗宾森教授那本很有启示性的《下决心的过程》中的一段话:

我们有时会在无法抗拒或被热情淹没的情形下改变自己的想法,但是如果有人说我们错了,反而会全心全意维护我们的想法。显然不是那些想法对我们珍贵,而是我们的自尊心受到了威胁……"我的"这个简单的话,是为人处世的关系中最重要的,妥善运用这两个字才是智慧之源。不论说"我的"晚餐,"我的"狗,"我的"房子,"我的"父亲,"我的"国家或"我的"上帝,都具备相同的力量。我们不但不喜欢说"我的"表不准,或"我的"车太破旧,也讨厌别人纠正我们对火车的知识、水杨素的药效或亚棕王沙冈一世生卒年月的错误……我们愿意继续相信以往惯于相信的事,而如果我们所相信的事遭到了怀疑,我们就会找尽借口为自己的信念辩护。结果呢,多数我们所谓的推理,变成找借口来继续相信我们早已相信的事物。

成功学大师戴尔·卡耐基以他的亲身经历告诉我们,迅速而热诚地承认,比你去争辩有效得多,而且有趣得多。

在纽约有一个森林公司,卡耐基就曾住在附近,他常常带着他的雷

第六章
不仅富有，而且拥有魅力

斯——一只小波士顿斗牛犬去散步，它是一只和善而不伤人的小猎狗。因为在公园时很少碰到人，卡耐基常常不替雷斯系狗链或戴口罩。

有一天，他们在公园里遇见一位骑马的警察，他好像迫不及待要表现出他的权威。"你为什么让你的狗跑来跑去，不给它系上链子或戴上口罩，"他大声地呵斥，"难道你不晓得这是违法的吗？"

"是的，我晓得，"卡耐基轻柔地回答，"不过我认为它不至于在这儿咬人。"

"你不认为！你不认为！法律是不管你怎么认为的，它可能在这里咬死松鼠，或咬伤孩子。这次我不追究，但假若下回给我看到这只狗没有系上链子或套上口罩在公园里的话，你就必须跟法官解释。"

卡耐基客客气气地答应照办。卡耐基的确照办了——而且是好几回。可是他的小狗不喜欢戴口罩，因此，他们决定碰碰运气。事情很顺利，但接着他们撞上了麻烦。一天下午，雷斯和他在一座小山坡上赛跑。突然间——很不幸地——卡耐基又看到那位执法大人，他跨在一匹红棕色的马上。小狗雷斯跑在前头，直向那位警察跑去。

这下可糟了，卡耐基决定不等警察开口就先发制人。他说："警官先生，这下你当场逮住我了。我有罪，我没有托词，没有借口了。你上星期警告过我，若是再带小狗出来而不替它戴上口罩你就要罚我。"

"好说，好说，"警察回答的声调很柔和，"我晓得在没有人的时候，谁都忍不住要带这么一条小狗出来溜达。"

"的确是忍不住，"卡耐基回答，"但这是违法的。"

"像这样的小狗大概不会咬伤别人吧。"警察反而为卡耐基开脱。

"不，它可能会咬死松鼠。"卡耐基说。

"哦，你大概把事情看得太严重了，"他告诉卡耐基，"我们这样办吧，你只要它跑过小山，到我看不到的地方——事情就算了。"

那位警察也是一个人，他要的是一种重要人物的感觉，因此当卡耐基责怪自己的时候，唯一增强他自尊心的方法，就是以宽容的态度表现慈悲。

卡耐基不和他正面交锋，承认他绝对没错，自己绝对错了，卡耐基爽快地、坦白地、热诚地承认这点。因为卡耐基站在他那边说话，他反而为卡耐基说话，整个事情就在和谐的气氛中解决了。

如果我们知道免不了会遭受责备，何不抢先一步，自己先认错呢？听自己谴责自己不比挨人家的批评好受得多吗？

你要是知道有某人想要或准备责备你，就自己先把对方要责备你的话说出来，那他就拿你没有办法了。十之八九他会以宽大、谅解的态度对待你，忽视你的错误。

大师金言

微笑乃是具有多重意义的语言。

——瑞士施皮特勒

第六章
不仅富有，而且拥有魅力

06 善待别人就是
　　善待自己

给别人留条路，其实就是给我们自己留后路。善待他人，关爱他人，实际上就是善待自己，关爱自己。一个人的生命，有助于他人，才能充满喜悦、快乐，才有价值和意义，才能称为成功，称为幸福。我们必须有所"给予"，才能有所取得，给予永远比索取更快乐。

在一个茫茫沙漠的两边，有两个村庄。从一个村庄到另一个村庄，如果绕过沙漠走，马不停蹄地走也至少需要20多天；如果横穿沙漠，那么只需要3天就能抵达。但横穿沙漠实在太危险了，许多人试图横穿沙漠，结果却葬身沙漠。

有一年，一位智者经过这里，让村里人找来了几万株胡杨树苗，每半里一棵，从这个村庄一直栽到了沙漠那端的村庄。智者告诉大家："如果这些胡杨有幸成活了，你们可以沿着胡杨树来来往往；如果没有成活，那么每一个走路的人经过时，要将枯树苗拔一拔，插一插，以免被流沙给淹没了。"

这些胡杨苗栽进沙漠后,很快就都被烈日烤死了,成了路标。沿着"路标",人们在这条路上平平安安地走了几十年。

一天,村里来了一个僧人,他坚持要一个人到对面的村庄去化缘。大家告诉他:"你经过沙漠之路的时候,遇到要倒的路标一定要向下再插深些;遇到要被淹没的树标,一定要将它向上拔一拔。"

僧人点头答应了,然后就带了一皮袋的水和一些干粮上路了。他走啊走啊,走得两腿酸累,浑身乏力,一双草鞋很快就被磨穿了,但眼前依旧是茫茫黄沙。遇到一些就要被尘沙彻底淹没的路标时,这个僧人想:"反正我就走这一次,淹没就淹没吧。"他没有伸出手去将这些路标向上拔一拔。遇到一些被风暴卷得摇摇欲倒的路标,这个僧人也没有伸出手去将这些路标向下插一插。

就在僧人走到沙漠深处时,寂静的沙漠突然飞沙走石,有些路标被淹

第六章
不仅富有，而且拥有魅力

没在厚厚的流沙里，有些路标被风暴卷走了，没有了影踪。

这个僧人像没头的苍蝇似的东奔西走，却怎么也走不出这片大沙漠。在奄奄一息的那一刻，僧人十分懊悔："如果我能按照大家叮嘱的那样做，即便没有了进路，也还可以拥有一条平平安安的退路啊！"

一位哲学家问他的一些学生："人生在世，最需要的是什么？"答案有许多，最后一个学生说："一颗爱心！"那位哲学家说："在这'爱心'两字中，包括了别人所说的一切话。因为有爱心的人，对于自己则能自安自足，可以去做一切适合自己的事。对于他人，他则是一个良好的伴侣和可亲的朋友。"

无偿地给他人以爱心、善意、扶助，这些东西，我们本身是不会因"给予"而有所减少的，我们把爱心、善意、扶助更多地给予别人，就能获得更多的爱心、善意、扶助。我们不轻易给予他人以爱心与扶助，那么，别人也会"以我们之道，还治我们之身"，我们也就不能轻易获得他人的爱心与扶助。

常常跟别人说些友善的话，去注意别人的好处，说别人的好话，养成这种习惯是十分有益的。人类的短处，就在彼此误解，彼此指责，彼此猜忌。如果人类能够减少或克服这些短处，彼此和睦、同情、扶助，改变我们对别人的轻视态度，不执意去指责他人的缺点，而多注意一些别人的好处，于人于己岂不更好？

大师金言

若录长补短，则天下无不用之人；责短舍长，则天下无不弃之士。

——唐代文学家陆贽

第七章
为自己营造一个和谐的人际氛围

古人云:"得人心者得天下。"现代社会,得人心者得财富。钱是赚来的,赚钱要通过一系列过程,有道是"得道者多助,失道者寡助",为自己经营一个良好的人脉,自然可以在财富之路上呼风唤雨。

01 站在对方的
角度看问题

中国有句古话："己所不欲，勿施于人。"许多人因此自以为是地推衍出"己所欲，施于人"这种似是而非的道理。事实上，"己所欲"的事，对方不见得会接受。有不少人本以为自己所做的事是替他人着想，不会增添他人麻烦的亲切行为，岂不知是将自己的想法硬塞给他人。世间有不少好人，之所以成为他人敬而远之的人物，问题就出在这里。因此，在要求别人的时候，请先自省一下，站在对方的立场为对方好好想一想。

生活中有时会发生这种情形：对方或许完全错了，但他仍然浑然不知。在这种情况下，不要指责他人，因为这是愚人的做法。你应该试着去了解他，而只有聪明、宽容、有爱心的人才会这样去做。

对方为什么会有那样的思想和行为，其中一定是有原因的。找出其中隐藏的原因，你便得到了了解他人行动或人格的钥匙。而要找到这把钥匙，就必须切实地将你自己放在对方的位置上。

第七章
为自己营造一个和谐的人际氛围

　　如果你对自己说:"如果我处在他的情况下,我会有什么感觉,有什么反应?"那你就会节省不少时间及苦恼,因为"若对原因发生兴趣,我们就不太会对结果不喜欢。"

　　如果你希望你的生活有所变化,就去试着站在对方的角度考虑问题吧,试想一下,结果会怎样呢?

　　霍尔曼公司是一家承销澳洲产品的企业,外销部门主管大卫·霍尔曼有一次碰到了一个很难办的情况,他得通知供应产地一个坏消息,大豆外销价格比预期的跌了五成。这通电话的反应正和他所预期的那样,对方吓坏了。情况严重到霍尔曼决定开车两个小时亲自到产地去跟业主当面讨论。

　　霍尔曼抵达农场时,场主出去查看作物了,农地潮湿泥泞,霍尔曼借了双橡胶长靴,走到田里找到那个人。

　　"你还好吗?"霍尔曼以关切的口吻问道。

接着，霍尔曼满怀同情仔细聆听对方付出的辛劳：今年花了多少时间在作物上，这几年的不景气，以及他对市价的不满……霍尔曼完全了解对方的处境，农场主日子不好过。霍尔曼表达了他个人的关切之情。令霍尔曼没想到的是他还没有提起收购价格，对方就说："看得出来你真的对我很关心，而且了解我的处境。我愿意接受你提出的价钱，只希望不久情况就会好转，我们两人都会好过一点。"

站在对方的立场上吧，这是处理难办的情况最好的办法。

就商业来讲，对顾客服务的重视，乃是生死攸关的一件事，不能等闲视之。然而，如果只是被动地等待意见箱填满了意见，或有人寄抱怨函来再做处理，显然是不够的。重要的是永远要比顾客先走一步，比顾客想得更多。精明的管理者永远要领先想到顾客下一步会需要什么——也许是几个月后、几周后，甚至几天之后。这些都必须基于站在他人的立场了解一切，而不再是"我能得到什么好处"。

并不是只有天才才能做得到这些。它只是由一位真正的领导人不断地问自己："顾客对我们公司的评价如何？顾客下一步还会有什么需求？"

只要用这种方式去做，每一个人都能从中获益。

站在别人的角度去看事情并不容易。比如提问题，你提出的虽然都是些简单的问题，但关键是：得由你来提出。你可以在任何场合提出，包括工作、家庭或社交场合都可以。如此一来，你就可以站在他人的立场上了解一切了。

在谈话当中，你可以了解到：对方有过何种人生经历？他希望得到什么？他希望避免什么？他需要服务的顾客对象为何？怎样才能让对方觉得这是一次成功的接触？

第七章
为自己营造一个和谐的人际氛围

不同的人对这些问题都有不同的答案，虽然有些主题一定会重复发生。然而，不论是什么样的答案，重点并不是要我们事事都顺从对方所要求的，而是真心诚意地试图了解他人真正的需求，并尽可能地提供给对方。正如戴尔·卡耐基所说："只要你能帮助他人解决问题，你就会大功告成。"

作为企业经营者，想要与你的员工、顾客、家人或朋友建立更成功的人脉网络吗？那么，请试着站在他人的角度了解一切吧。要知道，真正的富人，真正成功的人士都非常善于从别人的角度看问题。

大师金言

慷慨不是你把我比你更需要的东西给我，而是把你比我更需要的东西给了我。

——黎巴嫩诗人纪伯伦

02 惩罚和责备别人是愚蠢的自傲心在作祟

如果你对别人好，那么他们就会忠诚地替你工作，比你自己替你自己工作还要热心努力些。你得到的好友愈多，就愈能扩大你的人格的影响力。相反，你每多增加一个仇敌，就愈使你自己变得渺小。得到朋友的衷心帮助是每个人工作效率中最重要的一部分。特别是一个人在创富的道路上，更不能缺少别人的帮助。

不要刻意寻找别人的缺点，因为对方一定会摆出防御的姿态，把自己合理化。如果彼此僵持，是很危险的。过去的德国军队非常严格地遵守一项原则，就是遇到不满时，不当场抱怨。无论心情多糟糕，也要忍过一个晚上，等第二天冷静下来，再把事情委婉道出。

不少伟人都懂得，随意地惩罚和责备别人并没有什么好处，相反，他们以豁达宽阔的胸襟看待一切，甚至对冒犯他们的人，他们也一样能宽容地对待，其中亚历山大大帝的故事就是一例。

第七章
为自己营造一个和谐的人际氛围

亚历山大大帝骑马旅行到俄国西部。一天，他来到一家乡镇小客栈，为进一步了解民情，他决定徒步旅行。当他穿着一身没有任何军衔标志的平纹布衣走到一个三岔路口时，记不清回客栈的路了。亚历山大大帝无意中看见有个军人站在一家旅馆门口，于是他走上去问道："朋友，你能告诉我去客栈的路吗？"

那军人叼着一只大烟斗，头一扭，高傲地把身着平纹布衣的旅行者上下打量一番，傲慢地答道："朝右走！"

"谢谢！"亚历山大大帝又问道，"请问离客栈还有多远？"

"一英里。"那军人生硬地说，并瞥了陌生人一眼。

亚历山大大帝抽身道别，刚走出几步又停住了，回来微笑着说："请原谅，我可以再问你一个问题吗？如果你允许我问的话。请问你的军衔是什么？"

军人猛吸了一口烟，说："猜嘛。"

亚历山大大帝风趣地答："中尉？"

那烟鬼的嘴唇动了一下，意思是说不止中尉。

"上尉？"烟鬼摆出一副很了不起的样子说："还要高些。"

"那么，你是少校？"

"是的！"他高傲地回答。

于是，亚历山大大帝敬佩地向他敬了个礼。

少校转过身来摆出对下级说话的高贵神气，问道："假如你不介意，请问你是什么官？"

亚历山大大帝乐呵呵地回答："你猜！"

"中尉？"

亚历山大大帝摇头说:"不对。"

"上尉?"

"也不是!"

少校走近亚历山大大帝,仔细看了看,说:"那么,你也是少校?"

亚历山大大帝平静地说:"继续猜!"

少校取下烟斗,那副高贵的神气一下子消失了。他用十分尊敬的语气低声说:"那么,您是部长或将军?"

"快猜着了。"大帝说。

"殿……殿下是陆军元帅吗?"少校结结巴巴地问。

亚历山大大帝说:"我的少校,再猜一次吧!"

"皇帝陛下!"少校的烟斗从手中一下子掉到了地上,猛地跪在大帝面前,忙不迭地喊道:"陛下,饶恕我!陛下,饶恕我!"

第七章
为自己营造一个和谐的人际氛围

"饶你什么？朋友。"亚历山大大帝笑着说，"你没伤害我，我向你问路，你告诉了我，我还应该谢谢你呢！"

避免惩罚和责备不是每个人都能做到的，一个人性格豁达，心胸宽阔，才能对别人宽容。唯有对世事时时保持心平气和、宽容大度，才能处处契机应缘、和谐圆满。

宽容，对人对己都可以成为一种无需投资就能够获得的精神补品。学会宽容不仅有益于身心健康，而且可以赢得友谊，保持家庭和睦，婚姻美满，乃至事业成功。因此，在日常生活中，无论对子女、配偶、老人、领导、同事、顾客、朋友乃至于陌路人，都要有一颗宽容的爱心。

宽容，往往折射出一个人处世的涵养和情操。学会宽容需要自己吸收多方面的营养，需要自己时常把视线集中在完善自身精神结构和心理素质上。宽容绝不是面对现实的无可奈何，也不是软弱，而是一种智慧的生存方式。

很多人都有这样的毛病，就是无视自己的错误而责备别人。当你准备责怪别人时，不妨先想想上面的例子。责备别人就如向天吐口水一样，一定会落回自己身上的。

普利策是《纽约世界报》的老板，有一段时期还是《圣路易邮报》的主笔和老板。他对待他的记者们好像父亲对待孩子一样。而且那些记者后来对待这位患眼病双目失明的上司，也好像孩子敬奉慈父一样。

有一个故事可以表明一个记者对于普利策先生的感情。有一次，一个记者赴一个教会的布道会，在这个过程中，有一个劝道者低着头对这个记者说："你不到面前来听吗？"

他回答说："对不起，我是一个记者，我到这里来是奉公行事的。"

那个劝道者说："没有什么公事能比天主的公事还重要。"

记者说："或许没有，但是在我心中，普利策比天主更重要。"

一个真正的领袖，总是想方设法避免为自己树立仇敌，或是尽量少犯使一个员工怀恨在心的错误。鲍尔文火车头工厂的总经理沃克莱先生说："我从事工作这么多年来，从来没有恨过别人，或是曾想过对某人进行报复。如果某人在某时做了对不起我的什么事情，我也并不记恨他。我会或者和他把事情谈清楚，或者设法永远回避他。"

获得别人的好感是非常重要的。我们惩罚和责备别人，常常是因为一种愚蠢的自傲心在背后作祟。而这又每每是在法律的面具之下，为私人的不快进行报复，表面上则装得冠冕堂皇，一副大公无私的样子。

大师金言

只有具有博大的胸襟，自己才不会那么骄傲，不会认为自己样样出众。承认其他人的长处，得到其他人的帮助，这便是古人所说的"有容乃大"的道理。假如今日没有那么多的人替我办事，就算我有三头六臂，也没有办法应付那么多的事情，所以成就事业最关键的是要有人能够帮助你，乐意跟你工作，这就是我的哲学。

——中国企业家李嘉诚

第七章
为自己营造一个和谐的人际氛围

03 巧妙地给别人机会

我们和我们所相处的对象，并不是绝对理性的动物，而是充满了情绪变化、成见、自负和虚荣的普通人。因此，假如某人在什么事情上确实是做错了，一个聪明的人，也不会做"痛打落水狗"的傻瓜，而是适当地给他退路，不去过分责备他，因为人都是有自尊的，如果你过分伤了别人的面子，而那人恰好是个斤斤计较的人，那么他迟早会找机会来报复你。只有那些一夜暴富、没有知识、没有修养的人，才会狂傲地对待自己的下属，而不管这种狂傲会产生如何恶劣的影响。

克劳利在任某铁路段段长期间，差点出了一次大事故。有两个工程师都在铁路上服务了很长的时间，但就是这样的两个人犯下了大错。有一次，由于他们的疏忽，差点使两列火车迎头撞上。这么严重的事是完全无可推诿的，上面下了命令，要马上开除这两个失职的工程师。但是克劳利的想法却不同。

"像这样的情况,应当给予适当的考虑,"他反对说,"确实,他们的这种行为是不可宽恕的,是理应受到严厉惩罚的。你可以对他们进行严厉的处罚和教训,但是不能剥夺他们的位置,夺去他们唯一可以为生的职业。总的看来,这些年,他们不知创造了多少好成绩,为铁路事业的发展立下了多少功劳。仅仅由于他们这次的疏忽,就要全盘否定他们以前所有的功绩,这样未免太不公平。你可以惩罚他们,但是不可以开除他们。如果你一定要开除他们的话,那么,就连我也开除。"结果这两个工程师被留了下来,后来,他们都成了忠诚而又效率极高的员工。

如果你看到了这种情形,就能够理解他们为什么会忠心耿耿地为克劳利做事了。显然,克劳利给他们帮了一个大忙,但同时克劳利也替自己帮了一个忙。他本来可以因为他们犯了错而小气、刻薄、严厉地对待他们,

第七章
为自己营造一个和谐的人际氛围

这种态度也无可厚非。他甚至可以开除他们，而他们也没有理由反抗，但是如果他这样硬着心肠"秉公执法"的话，无疑会失去两个忠心的助手。相反，他选择了合乎人情的办法，因此得到了他们的忠心回报。

托马斯·卡莱尔说过："伟人是从对待小人物的行为中显示其伟大的。"

鲍勃·胡佛是个有名的试飞驾驶员，时常表演空中特技。一次，他从圣地亚哥表演完后，准备飞回洛杉矶。根据《飞行作业》杂志的描述，胡佛在300尺高的地方时，刚好有两个引擎同时出现故障。幸亏他反应灵敏，控制得当，飞机才得以降落。虽然无人伤亡，飞机却已面目全非。

胡佛在紧急降落之后，第一个工作是检查飞机用油。不出所料，那架第二次世界大战时使用的螺旋飞机装的是喷射机用油。

回到机场，胡佛马上召见那位负责保养的机械工。年轻的机械工早为自己犯下的错误懊悔不已，一见到胡佛，眼泪便不由自主地流下来。他不但毁了一架昂贵的飞机，甚至差点造成三人死亡。你可以想象胡佛当时的愤怒。这位自负、严格的飞行员，显然要对不慎的修护工作大发雷霆，痛责一番。但是，胡佛并没有责备那个机械工人，只是伸出手臂，围住工人的肩膀说："为了证明你不会再犯错，我要你明天帮我修护我的F—51飞机。"

大师金言

一个人的成功，15%是靠专业知识，85%是靠人际关系与处世能力。

——美国成功学大师戴尔·卡耐基

04 傲慢粗野不是
　　成功者的作风

　　有一个小男孩,他的脾气不好。他的父亲给了他一袋钉子,告诉他每发一次脾气就往后面的栅栏上钉上一颗钉子。第一天,小男孩就往那个栅栏上钉了37颗钉子。然后逐渐地,钉的钉子就越来越少了。他发现控制自己不发脾气可要比往栅栏上敲钉子容易得多。

　　终于有一天,小男孩不再乱发脾气了。他告诉了他父亲,父亲听了之后,说就从现在开始如果他一天都不发脾气的话,就从栅栏上拔出一颗钉子。过了些天,小男孩终于能告诉他父亲栅栏上的钉子已经拔光了。

　　父亲牵着孩子的手,把他带到栅栏前,对他说:"儿子,你干得不错。但是,你看栅栏上的那些洞,这个栅栏再也不能和以前一样了。当你在气急败坏中对人讲话的时候,其实就像这些栅栏一样,你在别人身上留下了伤痕。你可以在别人身上扎一刀,然后再拔出来。你说了多少次对不起并不重要,但伤口会留在那里。出口伤人与身体伤害一样不好。"

第七章
为自己营造一个和谐的人际氛围

如果你是一位有权有势的人，如果你试图去纠正别人，那些人就会以为你是在指责他们错了。而所有人都有这种习惯，他们会去反对这种指责，并且设法来证明他们没错，他们是正确的。

不论你用什么方法指责别人，一个眼神，一种说话的声调，一个手势，就像话语那样明显地告诉别人——他错了，你以为他会同意你吗？绝对不会！因为这样直接打击了他的智慧、判断力和自尊心。这只会使他反击，但决不会使他改变主意。即使你搬出所有柏拉图或康德式的逻辑，也改变不了他的想法，因为你伤了他的感情和自尊。

有一次，戴尔·卡耐基访问著名的探险家和科学家史蒂文森。他在北极圈内生活了11年之久，其中6年除了食兽肉和清水之外别无他物。他告诉卡耐基他做过的一次实验，于是，卡耐基就问他打算从该实验中证明什么。他说："科学家永远不会打算证明什么，他只打算发掘事实。"

你希望自己的思考方式科学化，那就行动吧。要知道，除了自己，在这件事上谁也阻止不了你。但也要记住，千万不要过分责备别人，更不能在别人面前傲慢粗野，那样你会被认为没有修养。

美国南北战争期间，最著名的报人哈里斯·葛里莱激烈地反对林肯的政策，他相信以论战、嘲弄、谩骂就能使林肯同意他的看法。他发起攻击，日复一日，年复一年。就在林肯遇刺的那天晚上，葛里莱还发表了一篇尖刻、粗暴、攻击他的文章。但那些尖厉的攻讦使得林肯同意葛里莱了吗？一点也没有。嘲弄和谩骂是永远达不到目的的。

如果你想知道一些有关处理人际关系，控制自己，完善品德的有益建议，不妨看看本杰明·富兰克林的自传——它是最引人入胜的传记之一，也是美国的一本极受欢迎的名著。

在这本自传中,富兰克林叙述了他如何克服好辩和指责别人的习惯,使自己成为美国历史上最能干、最和善、最老练的外交家和实业家。

当富兰克林还是个毛躁的年轻人时,有一天,一位教友会的老朋友把他叫到一旁,尖刻地训斥了他一顿:"本,你真是无可救药。你已经打击了每一位和你意见不同的人。你的意见变得太珍贵了,弄得没有人承受得起。你的朋友发觉,只要你在场,他们就会很不自在。你知道的太多了,没有人再能教你什么,没有人打算告诉你些什么,因为那样会吃力不讨好,而且又弄得不愉快。因此,你不能再吸收新知识了,但你的旧知识又很有限。"

富兰克林的优点之一,就是接受了那次教训的态度。他已经能成熟、明智地领悟到他的确是那样,也发觉他正面临失败和社交悲剧的命运。于是,他立刻改掉了傲慢、粗野的习惯。

在他的虚心努力下,他发现了新的变化,凡是他参与的谈话,气氛都融洽得多了。他以谦虚的态度表达自己的意见,不过分责备别人,不但容易被接受,更减少了冲突,发现自己有错时,也没有什么难堪的场面。而自己碰巧是对的时候,不责备别人,更能使对方不固执己见而赞同自己。

"我最初采用这种方法时,确实和我的本性相冲突,但久而久之就逐步地习惯了。也许50年来,没有人听我讲过什么太武断的责备别人的话,这是我提交新法案或修改旧条文能得到同胞的重视,而且在成为民众协会的一员后,具有相当影响力的重要原因。我并不善于辞令,更谈不上雄辩,遣词用字也很迟疑,还会说错话,但一般说来,我的意见还是会得到广泛的支持。"

还有个例子,克洛里是纽约泰勒木材公司的推销员。他承认,多少

第七章
为自己营造一个和谐的人际氛围

年来，他总是尖刻地指责那些大发脾气的木材检验人员的错误，可这一点好处也没有。因为那些检验员"和棒球裁判一样，一旦判决下去，他们绝不肯更改"。

在克洛里看来，他在口舌上获胜，却使公司损失了成千上万的金钱。因此，当他意识到自己这个毛病以后，他决定改变这种习惯，不再随意指责别人。以下是他的经验之谈：

"有一天早上，我办公室的电话响了。一位焦躁的愤怒的主顾，在电话的那头抱怨我们运去的一车木材完全不符合他们的要求，他的公司已经下令停止卸货，请我们立刻安排把木材运回去。在木材卸下1/4后，他们的木材检验员报告说，55%的木材不合规格。在这种情况下，他们拒绝接受。听完电话，我立刻去对方的工厂。在途中，我一直在思考着一个解决问题的最佳办法。通常，在那种情形下，我会以我的工作经验和知识来说服检验员。然而，我又想，还是应该以更灵活的方式处理这件事。

"我到了工厂，见购料主任和检验员正闷闷不乐，一副等着对付我的姿态。我走到卸货的卡车前面，要求他们继续卸货，让我看看木材的情况。我请检验员继续把不合格的木料挑出来，把合格的放到另一堆。看了一会儿，我才知道他们的检查太严格了，而且把检验规格也搞错了。那批木材是白松。虽然我知道那位检验员对硬木的知识很丰富，但检验白松却不够格，经验也不多，而白松碰巧是我最内行的。我能以此来指责对方检验员评定白松等级的方式吗？不行，绝对不能！我继续观看着，慢慢地开始问他某些木料不合格的理由是什么，我一点也没有暗示他检查错了。我强调，我请教他只是希望以后送货时，能保证满足他们公司的要求。

"我以一种非常友好而合作的语气向他请教，并且坚持把他们不满意的部分挑出来，使他们感到高兴。慢慢地，我们之间剑拔弩张的气氛开始缓和下来了。偶尔，我小心地提问几句，让他自己觉得有些不能接受的木料可能是合格的，但是，我非常小心不让他认为我是有意为难他，责备他。

"渐渐地，他的整个态度改变了。他最后向我承认，他对白松的经验不多，还反过来向我提问有关白松木板的问题，我就对他解释为什么那些白松木板都是合格的，但是我仍然坚持，如果他们认为不合格，我们不要他收下。他终于到了每挑出一块不合格的木材，就有一种罪过感的地步。最后他终于明白，错误在于他们自己没有指明他们所需要的是什么样等级的木材。

"结果，在我走之后，他把卸下的木料又重新检验一遍，全部接受了，于是我们收到了一张全额支票。

"就这件事来说，讲究一点技巧，尽量遏止自己对别人的指责，尊重别人，就可以使我们的公司减少少损失，而我们所获得的良好关系，则非金钱所能衡量的。"

批评别人是引发自尊心火药库爆发的最危险的导火线，这种爆发往往会导致不堪设想的后果。

年轻时不善于人际关系的本杰明·富兰克林，中年以后却拥有很出色的外交手段，知人善任，最后被任命为美国驻法大使。他成功的秘诀是："绝不说人的坏话，多称赞别人的长处。"

批评别人、斥责别人甚至诽谤别人，连最愚蠢的人都会做，同时也只有最愚蠢的人才会做出这种事。

第七章
为自己营造一个和谐的人际氛围

一个具有优秀品德并能克己的人，才能做到谅解与宽容。让我们以了解对方来代替指责和抱怨，从对方的角度考虑为何对方会如此，这是解决问题的良策，如果这样，同情和宽恕的美德就自然浮现了。

如果我们了解全部的事，我们就能宽恕全部的事。英国大文豪詹森博士曾说："上帝不到世界的末日，不欲审判别人。"何况平凡如你我，又何必急于批评指责别人？因此，不要跟你的顾客、家人或反对者争辩，别老是指责他错了，也不要刺激他，而要运用一点技巧，讲究一点方法。有些暴富的人不懂得这个道理，对待自己的员工动辄粗野谩骂，对同行傲慢轻视，这显然不是富人应有的风度，一个真正的富人应该修炼一种宽容、和善、自谦的品格，永远不要因为自己获得了一时的财富而目空一切。

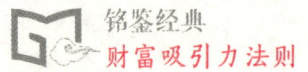

大师金言

妄自尊大只不过是无知的假面具而已。

——法国思想家伏尔泰

第七章
为自己营造一个和谐的人际氛围

05 保住别人的面子

如果有人说了一句你认为错误的话,你明明知道他说错了,你若这么说不更好吗:"唔,是这样的。我倒有另一种想法,但也许不对。我常常会弄错,如果我弄错了,我很愿意被纠正过来。我们来看看问题的所在吧。"

无论什么场合,没有人会反对你说"我也许不对,我们来看看问题的所在",这样,你为别人留住了面子,自己也会赢得尊重。

假如我们是对的,别人绝对是错的,我们也会因为让别人丢脸而毁了他的自尊。传奇性的法国飞行先锋和作家圣·埃克苏佩里写过:"我没有权利去做或说任何事以贬抑一个人的自尊。重要的并不是我觉得他怎么样,而是他觉得他自己如何,伤害他人的自尊是一种罪行。"

世界上任何一位真正伟大的人,绝不浪费时间满足于他的口舌之辩。

1922年,土耳其民族解放组织决定把希腊人逐出土耳其领土。穆斯塔法·凯末尔对他的士兵发表了一篇拿破仑式的演说,他说:"你们的目的地是地中海。"于是近代史上最惨烈的一场战争开始了,最后土耳其获胜。当希腊两位将领——的黎科皮斯和迪欧尼斯前往凯末尔总部投降时,土耳其人对被他们击败的敌人大肆辱骂。但凯末尔丝毫没有显出胜利者的傲气。

"请坐,两位先生,"这位土耳其国父握住他们的手说,"你们一定走累了。"然后,在讨论了投降的细节之后,他安慰他们失败的痛苦。他以军人对军人的口气说:"战争这种东西,优秀的指挥者有时也会打败仗。"

当一个人已经做出一定的许诺——宣布一种坚定的立场或观点后,由于自尊的缘故,很难再改变自己的立场或观点,此时你若想说服他,就必须顾全他的面子,为对方铺台阶,让他有面子,说一些婉转的话,比如:

"在那种情况下,任何人都想不到。"

第七章
为自己营造一个和谐的人际氛围

"当然，我理解你为什么会这样想，因为当时你并不清楚事情的经过。"

"最初，我也这样想的，但后来我了解到全部情况，我就知道自己错了。"

一家百货公司的一位顾客，要求退回一件外衣。她已经把衣服带回家并且穿过了，只是她丈夫不喜欢。她保证"绝没穿过"，并要求退换。

售货员检查了外衣，发现有明显的干洗过的痕迹。但是，直截了当地向顾客说明这一点，顾客是不会轻易承认的，因为她已经说过"决没穿过"，而且精心地伪装过。如果坚持，双方可能会发生争执。于是，机敏的售货员说："我很想知道是否你们家的某位成员把这件衣服错送到了干洗店。我记得不久前我也发生过一件同样的事情。我把一件刚买的衣服和其他衣服堆在一起，结果我丈夫没注意，把那件新衣服和一大堆脏衣服一股脑儿塞进了洗衣机。我怀疑你是否也会遇到了这种事情——因为这件衣服的确看得出已经被洗过的痕迹。不信的话，你可以跟其他衣服比一比。"

顾客看了看——知道无可辩驳，而售货员又已经为她的错误准备好了借口，给了她一个台阶下。于是，她顺水推舟，乖乖地收起衣服走了。

让人们保全他们自己的面子，这是每个人都懂得的。一旦发现他人出现错误，我们很多人往往首先想到的就是如何批评，使之改正。事实上，与批评相比，鼓励似乎更容易使人改正错误，并且更容易让对方去做你所期望的事情。所以，当他人出现错误时，你首先应该考虑一下，是否非得批评不可，应该怎样批评？如果可能的话，尽量采取鼓励的方式，这样一方面可以达到让对方知错改错的目的，同时也不影响你们之间的相互关系。

你要是跟你的孩子、伴侣、雇员说他或她做某件事显得很笨，很没有天分，那你就错了，这等于毁了他所有追求进步的心。如果你采用相反的方法，宽宏地鼓励他，使事情看起来很容易做到，让他知道，你对他做这件事的能力很有信心，他的才能还没有完全发挥，这样他就会非常努力，以求超越自我。

那么，到底怎样才能创造亲密的合作关系呢？那就是向他人表示尊重与同情，并肯定他们个人的价值。

大部分成功的人都从经验中证实，要维护他人的自尊，绝非一两次的表态可以奏效，它是由许多次日常接触所形成的一种过程。

多年前，薛佛曾任职于一家国际保险公司麦卡比公司。当公司迁入一座新大楼后，跟以前不同的是这座大楼中还有另外几家公司。薛佛希望在搬迁之后，原来所维持的重要的日常关切并不因迁移而导致疏忽。所以，他到新大楼上班的第一天，第一件事就是走到安全人员台前。薛佛回忆当时的情景，"当时有十来位安全人员，我请他们都围拢来，结果发现他们除了知道我们公司的名称之外，连我们从事的保险业都并不清楚。于是我对他们说：'各位，我们在底特律市有几位很重要的业务代表，如果你们发现来的人是业务代表，我们一定得给予最隆重的欢迎，我是说尽量让他觉得备受重视，这就得劳驾你们亲自送他上七楼找到他所要会见的人，也请你们一定要配合帮忙。'后来，我听到一些业务代表谈起他们来到这栋大楼时所受到的礼遇，他们感到很高兴。"

在保险业中，这些日常关切是最重要的。因为在保险业里，业务人员就等于是公司本身。业务员如果业绩不佳，那么公司也会无立足之地，事情就是这么简单。所有的这些小动作加起来就是一个很重要的整体结果，那就是：人们会有受到重视的感觉，会对自己觉得很满意。员工只要相信

第七章
为自己营造一个和谐的人际氛围

公司关心他们，了解他们的需要，维护他们的自尊，就会以努力工作达成公司目标作为回应。

每一个人都是有自尊心，如果你对他所说的话表示同意，这就是尊重他的意见，他在无形中会有一种自我认同感，而使他产生这种感觉的便是你，自然他对你是十分满意的，他愿意和你做朋友。反过来，你不能对他表示同意，你就站在了和他敌对的地位，你是他的敌人而不是友人，他能没有抵触情绪吗？所以，这一点我们应该加以注意。你想做成什么事，一定先要让别人保住面子。这也是得道多助的道理。

大师金言

富贵如刀兵戈矛，稍放纵便销膏靡骨而不知；贫贱如针砭药石，一忧勤即砥节砺行而不觉。

——中国古语

06 远离恶性竞争

恶性竞争又称过度竞争，在国外经济学文献中又称"自杀式竞争""毁灭性竞争"或"破坏性竞争"，在日本被称为"过当竞争"，在我国则有人称为"恶性竞争"，是指公司运用远低于行业平均价格甚至低于成本的价格提供产品或服务，或使用不正当手段来获取市场份额的竞争方式。

"商场如战场"。竞争是不可避免的，竞争也不是什么坏事。通过竞争，大家会努力提高自己产品的质量，维护客户的利益，使市场出现欣欣向荣的局面。商人积极地参与竞争，在竞争中发展壮大，是市场的规律。但是，竞争一定要堂堂正正，公正公平。只有这样的竞争，才能获得上述的效果，否则只能带来混乱，甚至是两败俱伤。

林先生是一家电厂信息部门的主管，为启动"数字电厂"这项工程，他已经整整忙了3个多月。今天，所有公司的方案书都已经送来，讲标过程也已完毕。面对桌上厚厚一摞软件公司的方案书，林先生不禁一惊，

第七章
为自己营造一个和谐的人际氛围

150万的项目，有的公司竟然报出了70万元的低价，最高报价的公司所报出的价格是最低报价的3倍！要知道，林先生和他的部下为了这个预算，夜以继日，忙活了3个多月，跑市场，算价格，经过精确计算才得出的。究竟是哪儿出了问题呢？林先生想了半天，终于明白，这是别的公司使的手段，目的只是想先把项目揽到手上。

恶性竞争会带来很多负面的结果，概括起来无外乎以下几点：

一是各方盲目削价。这大概是几乎所有的厂商及销售商都会使用的恶性竞争手段。如果是成本降低的低定价、季节性削价等也尚无不可。要命的是有些人视正常利润于不顾，一味地削价，以最低的价格，甚至低于成本价占领市场。日本企业家松下幸之助认为，这种"竞争"害人害己，因为一方的削价，可能引发各方竞相削价，会坑害别人。如果将价格削到了连正常利润、甚至些微利润都不能保证，那么自己也是赔本赚吆喝，这就违背了经营最基本的盈利原则。松下幸之助指出:"即使竞争再激烈,也不可做出那种疯狂打折、放弃合理利润的经营。它只能使企业陷入混乱,而不能促进发展。倘若经营者都这么做,产业界必然展开一场你死我活的混战,反而会阻碍生产的发展、社会的繁荣。"

二是恶性竞争损害别人信誉。有些经营者为了自己取胜,不惜违背道德,不择手段地诬蔑、诋毁同行,以此发展自己的势力。松下认为,这样的经营者不会有太大的发展前途,这种做法也很卑劣。对于对方的诽谤,也无须迎头痛击,用自己的过硬的产品说话。诽谤者的命运与恶性削价者相比,更不堪一击,而且往往是跌倒了就无法再爬起来。

一些实力雄厚的大公司还常常依仗自己雄厚的资本,有意做出亏本的倾销或服务,以此来压倒中小企业的竞争对手,然后雄霸一方。在现代社会,这种经营方式也是为人所不齿的。

有些人认为,在商场上,不同行业可以各行其道,各得其所,如果是同一行业,则难以避免一场你死我活的竞争。特别是在同一地区、同一城市,尤其是在同一条商业街道,这种竞争则是赤裸裸的。一定时空条件下,客户的钞票是有限的,具体购买项目更是个定量,在别家买了,自己就得不到这笔生意,反之亦然。"同行是冤家"的说法正是真实的写照。

这是事实,但绝不是事实的全部。松下幸之助认为,你多我更多,你好我更好,才称得上经营有方。于是同行在他的眼里是"同仁",从未有过"嫉妒"二字。

同行是竞争对手,但绝不是冤家、死对头。要使你的生意兴旺发达,就必须学会在与同行的竞争中求生存、求发展,变同行竞争的压力为自己奋进的动力。尤其是当同行之间势均力敌,相互较量难分伯仲时,如果采取相互中伤、竞相杀价的恶性竞争，难免两败俱伤。真正高明的商家，绝对不会拼得你死我活，而是发挥自己的优势，甚至与对手联合，达到合作双赢的目的。

我们知道体育竞赛都有一定的规则，市场竞争也必须具有一定的规则。如果没有一定的规则，一场足球赛是无法进行下去的，必然会导致一片混乱。同样，如果没有一定的规则，市场秩序会引发混乱，混乱必将导致没有赢家。

曾经市场上流行一种有奖销售的方式，严格地说这是一种不正当的竞争行为。得奖者毕竟是少数，绝大多数的顾客只是抱着赌博的心理来购物，对树立公司形象和信任并没有任何帮助。作为暂时的促销手段，可能也有一定的效果，但终究不是长久之计。

成功者通常避开人头攒动的大道，走人迹罕至的小路。要想在竞争中占优势，就应该踏踏实实地提高产品的质量，改善售后服务，努力树立企业的良好形象，这样既可以发挥自己的优势，又可以有效避免卷入恶性冲突，自己也才能基业长青。

大师金言

维护业界和社会共同的利益，以促进全体人民的共存共荣，才是竞争的真正目的。必须以公开的、公平的方法竞争，为了业界的稳定，不论制造商、批发商或零售店，都绝不可只为反对而反对，不可为了想打倒对方的对抗意识而竞争，或借权力及资本和别人竞争。

——日本实业家松下幸之助

第八章
从失败那里挖到金矿

经历失败的人更有投资价值，因为失败后的过程会使人获得宝贵的经验，就有可能避免以前的失误，也就更容易成功。所以，不要抱怨你不成功，不要抱怨你没有机会，认真总结你失败的原因，吸取经验和教训，由此，你成功的几率会提升很多。

01 在失败中崛起

一个人的一生中不遇到几次失败似乎是不可能的，失败的幽灵潜伏在无数有人出没的角落。这是一个让人害怕的幽灵，它带走了他们赢得的支持者，因为恐惧带来了猜疑，而猜疑又消磨了勇气，并使人类丧失了独立性。"认为自己不会成功的人就不会成功"，同样，"相信自己会成功的人就会成功"。

自信的人和不自信的人所做的事情存在着的差异竟是如此之大，文明是由那些坚信他们可以完成使命的人建立起来的。在人类进步和文明发展的过程中拖后腿的人，正是那些认为他们自己做不到的人，他们始终无法从心理上摆脱失败这个幽灵。

将自己失败的经验当作笑谈往往可以有效地降低失望感。"就好像漫画一样，我那时羞死了，真是进退两难……""你绝对无法想象当时的情形，我一个人自说自话，像演双簧一般……"能够毫不避讳地调侃自己失败的人，必定充满积极的活力。在他们眼中，失败就像空气中的浊气，终

第八章
从失败那里挖到金矿

有烟消雾散的时候。

失败的体验具有不可忽视的热量，可以激发更大的精力与干劲儿。这种精力的来源是"笑"，也就是将自己的失败喜剧化，在玩笑之中释怀。站在调侃自己的立场反观失败的经验，博取众人之笑，这虽是个非常难堪的做法，但却可以使自己再度挺立于众人之中。

失败的体验本来不可能悠然面对，所以一定要有承受失败的心理和勇气。这样一来，你就得将失败的过程再仔细地回想一遍，便能够找出问题的关键所在。久而久之，你不仅有了接受失败的勇气，成功的几率也会增加，这样，你就成为一个积极的人。从成功到失败，从失败到成功，不会有多少成功者没经历过这样的坎坷过程。

从巨人汉卡到巨人大厦，从脑白金到黄金搭档，史玉柱是具有传奇色彩的创业者之一。

1989年1月，史玉柱从深圳大学研究生院毕业，随即下海创业。那一年，他26岁。这年夏天，史玉柱认为自己开发的M-6401桌面文字处理系统作为产品已经成熟，便用4000元承包下天津大学深圳电脑部。他以9500元的价格赊得一台电脑。8月2日，他在《计算机世界》上打出了半个版的广告——"M-6401，历史性的突破"。到第13天，史玉柱就收到汇款单数笔。至当年9月中旬，销售额就已突破10万元。史玉柱付清欠账，将余钱投向广告，4个月后，M-6401销售额突破100万元。这是史玉柱掘得的第一桶金。

1991年，巨人公司成立，"巨人"不断推出新产品，到1993年，巨人公司销售额达到3.6亿元，成为中国第二大民营高科技企业。

1994年年初，巨人大厦动工，计划3年完工。史玉柱当选中国十大改革风云人物。

1995年，巨人推出12种保健品，投放广告1个亿。史玉柱被《福布斯》列为内地富豪第8位。

1996年，巨人大厦资金告急，史玉柱决定将保健品方面的全部资金调往巨人大厦，保健品业务因资金"抽血"过量，再加上管理不善，迅速盛极而衰。巨人集团名存实亡。史玉柱也渐渐淡出了人们的视线。

然而，"巨人"并没有倒下，3年后，史玉柱注册建立生产保健类产品的生物医药企业——"上海健特生物科技有限公司"。

2000年，推出"脑白金"业务。2001年，史玉柱在上海申请注册一个巨人公司，谋求上市。随后，史玉柱进入游戏领域，2004年11月18日，上海征途网络科技有限公司正式成立。2005年11月15日，《征途》正式开启。

第八章
从失败那里挖到金矿

2007年11月1日，史玉柱旗下的巨人网络集团有限公司成功登陆美国纽约证券交易所，总市值达到42亿美元，融资额为10.45亿美元，成为在美国发行规模最大的中国民营企业，史玉柱的身价突破500亿元。

当年，史玉柱"倒下"的时候，曾让无数人为之叹息。然而，史玉柱并没有就此沉沦下去，而是在失败中再次崛起。而且，有了失败的教训，他甚至站在更高的人生起点上，经营他的人生和事业。

对失败的害怕和恐惧，带走了人们身体中的某些东西，由于失去了这个因素，使人类不能完成更多的事业。正是这个因素，在完美和平庸之间、在人类作最大努力和一些努力之间造成了细微的差别。于是，仅仅做出一些努力付出一点代价的人成为失败者，而他们本来是要在这个世界做出自己的最大努力的。

"我们的军队是不会被打败的，被打败的是你自己。"当下属向他汇报军队撤退情况时，这个发布命令的军官对下属训斥道。在战场上，一个总想着自己会被打败的人总是要被打败；而那个总是相信自己并且坚守自己的使命的人很可能会成功。能以信赖自己的心态去面对一次一次突然袭来的失败，才是成大事者应该具备的素质和能力。这个道理很简单，不经历失败的人，即使有一点小成绩，也会是脆弱的，经不起重创。只有经历失败的考验，成大事的基础才会更加稳固和坚强。从这个角度去理解，失败可以成为人生的幸事。

当你遇到挫折时，切勿浪费时间去计算你遭受了多少损失；相反，你应该以乐观的精神去算算你从挫折当中可以得到多少收获和无形资产。你将会发现你所得到的，比你所失去的要多得多。

挫折并不能保证你会得到完全绽开的成功花朵，它只提供成功的种子，你必须乐观地找出这颗种子，并且以明确的目标给它养分并栽培它。否则它不可能开花结果。德国哲学家费希特年轻时，曾去拜访大名鼎鼎的康德，想向他讨教，不料康德对他很冷漠，拒绝了他。

费希特失去了一次机会，但他未受这件事的影响，也不怨天尤人，而是以乐观的态度对待挫折，心想：我没有成果，两手空空，人家当然怕打搅啦！

我为什么不拿出成果来呢？于是他埋头苦学，完成了一篇《天启的批判》的论文，呈献给康德，并附上一封信。信中说："我是为了拜见自己最崇拜的大哲学家而来的，但仔细一想，对本身是否有这种资格都未审慎考虑，因此感到万分抱歉。虽然我也可以索求其他名人函介，但我决心毛遂自荐，这篇论文就是我自己的介绍信。"

康德仔细读了费希特的论文，不禁为其才华和独特的求学方式所震动，便决定"录取"，他亲笔写了一封热情洋溢的回信，邀请费希特来一起探讨哲学问题。由此，费希特获得了与大师共同学习的机会，后来成为德国著名的教育家和思想家。

瑞典科学家阿列纽斯于1882年在瑞典科学院物理学家爱德龙德的指导下进行了测定电解质导电率的研究工作。他把测定结果写成一篇博士论文寄给母校乌普沙拉大学，由于该校学位评议委员会的成员们还不理解这篇论文的深刻意义，因而错误地将其评为四等。

"四等"就意味着参加博士考试的失败，但是，阿列纽斯在挫折面前没有退却，没有消沉，他以饱满的热情将这篇落选的博士论文和一封附信一起寄给德国加里工学院物理化学家奥斯特瓦尔德。奥斯特瓦尔德仔细地阅读了论文和来信后，被深深地打动了，连呼"真了不起"。1844年8

第八章
从失败那里挖到金矿

月，他亲自去瑞典访问了阿列纽斯，对那篇落选的论文给予高度的评价，并代表加里工学院授予他博士学位。

阿列纽斯在此基础上继续努力，1903年又因这一成就获得了诺贝尔奖。

人间不平事，不知有多少。矢志进取的人，面对挫折没有抱怨，没有烦恼，没有退却，反而笑看挫折，并从中汲取养料，最终走向成功，这就是成大事者的真谛，这也是人生考验的关键。

成功的人物并不是在问题发生以前，先把它统统消除，而是一旦发生问题时，有勇气克服种种困难。我们对于一件事情的完美要求必须折衷一下，这样才不至于陷入行动以前永远等待的泥沼中。当然最好是有逢山开路、遇水架桥那种大无畏的精神。

大师金言

我们的力量来自我们的软弱，直到我们被戳、被刺，甚至被伤害到疼痛的程度时，才会唤醒包藏着神秘力量的愤怒。伟大的人物总是愿意被当成小人物看待，当他坐在占有优势的椅子中时会昏昏睡去，当他被摇醒、被折磨、被击败时，便有机会可以学习一些东西了。此时，他必须运用他的智慧，发挥他的乐观精神，他会了解事实真相，从他的无知中学习经验，治疗好他的自负精神病。最后，他会调整自己并且学到真正的技巧。

——美国思想家爱默生

02 埋怨沮丧只能
     说明你无能

　　世上确实有很多不幸的事，有很多值得埋怨的东西。但是，如果我们回过头来想想，世上是根本不可能会有什么十全十美的人、事、物的。如果我们一味地追求完美，抱怨社会，抱怨他人，如果我们一定要等到世上所有条件都完美后才开始行动，那就只好永远等下去了。有的人为什么一辈子都干不了一件事情，原因就在于此。相反，有的人对自己的现状不满，但他却起来行动，力求改变现状，而不是埋怨，结果行动者成功了，而埋怨者却依旧一事无成。

　　不知道你是否听过桑德斯上校的故事。他是"肯德基炸鸡"连锁店的创办人，你知道他是如何建立起这么成功的事业吗？是因为他是生在富家的子弟，念过哈佛这样著名的高等学府，抑或是在很年轻时便投身于这项事业上？你认为是哪一个呢？

　　上述的答案都不是，事实上，桑德斯上校于年龄高达65岁时才开始从

第八章
从失败那里挖到金矿

事这项事业。那么又是什么原因使他在花甲之年做出了如此事业的呢？因为他身无分文且孑然一身，当他拿到生平第一张救济金支票时，金额只有105美元，内心实在是极度沮丧。他不怪这个社会，也未写信去骂国会，而是心平气和地自问："到底我对人们能做出何种贡献呢？我有什么可以回馈的呢？"随之，他思量起自己的所有，试图找到自己的人生出路。

头一个浮上他心头的答案是："很好，我拥有一份人人都曾喜欢的炸鸡秘方，不知道餐馆要不要？我这么做是否划算？"随即他又想道："我真是笨得可以，卖掉这份秘方所赚的钱还不够我付房租呢。如果餐馆生意因此提升的话，那又该如何呢？如果上门的顾客增加，且指名要用炸鸡，或许餐馆会让我从中提成也说不定。"

好点子固然人人都会有，但桑德斯上校之所以能取得巨大的成功，因为他的想法跟大多数人不一样，他不但会想，而且还知道怎样付诸行动。之后，他便挨家挨户地敲，把想法告诉每家餐馆，"我有一份上好的炸鸡秘方，如果你能采用，相信生意一定能够提升，而我希望能从增加的营业额里提成。"

很多人都当面嘲笑他："得了吧，若是有这么好的秘方，你干吗还穿着这么可笑的白色服装？"这些话是否让桑德斯上校打退堂鼓了呢？丝毫没有，因为他还拥有天字第一号的成功秘诀，那就是"不懈地拿出行动"。每当你做什么事时，必得从其中好好学习，找出下次能做好的更好方法。桑德斯上校确实奉行了这条法则，从不为前一家餐馆的拒绝而懊恼，反倒用心修正说词，以更有效的方法去说服下一家餐馆。桑德斯上校的点子最后终于被接受，你可知先前他被拒绝了多少次吗？整整1009次之后，他才听到第一声"同意"。在过去的两年时间里，他驾着自己那辆又旧又破的老爷车，足迹遍及美国每一个角落。困了就和衣睡在后座，醒来逢人便诉说他那些点子。他为人示范自己炸的鸡肉，经常就是果腹的餐点。历经1009次的拒绝，整整两年的时间，有多少人还能够锲而不舍地继续下去呢？真是少之又少了，也无怪乎世上只有一位桑德斯上校。我们相信很难有几个人能受得了20次的拒绝，更别说100次或1000次的拒绝。然而这也正是成功的可贵之处。

如果你好好审视历史上那些成大功、立大业的人物，就会发现他们都有一个共同的特点，不轻易为"拒绝"所打败，不达成理想、目标、心愿，他们绝不会罢休。华特·迪斯尼为了实现建立"地球上最欢乐之地"的美梦，曾向银行融资，可是被拒绝了302次之多。现在，每年有上百万游客享受到前所未有的"迪斯尼欢乐"，这全都源于一个人的决心。

多次去尝试，凭毅力去追求所期望的目标，最终必然会得到自己所要的，千万别在中途放弃希望，或者遭遇挫折后就自怨自艾。

在我们周围，有许多身处逆境中的人，他们当中有的人会为了想脱离逆境而奋斗，有的人却会为了无法克服逆境而堕落下去。当然，获得成功

第八章
从失败那里挖到金矿

的一定是前者，埋怨沮丧，毁灭自己的则是后者。

如果你遭受挫折时便放弃，不再努力了，那么你就绝不会胜利。失败者总是说："你要是尝试失败的话，就退却、停止、放弃、逃跑吧，你不过是无名小辈。"千万不要听信这种没有志气的劝告。成功者对此从来都不加理会，他们在失败时总会再去尝试。他们会对自己说："这是一条难以成功的道路，现在让我再从另一条路上去尝试吧。"

一个人如果满足于他已有的，就不会再有什么需求，而伟大人物和庸人最大的区别就在此。庸人有了不满，只知道呆坐呻吟，埋怨自己的境遇不佳；伟人则去努力改造环境。

失败本是人生难免的事，在对待失败时，勇敢地去面对它，只要尽了力，便可问心无愧。另一方面，探寻失败的原因，也要用正大磊落的态度，别人才会对你的作为给予理解并给予必要的帮助。

研究失败者，你会发现他们都患有一个通病，那便是自怨自艾，怨天尤人。他们埋怨失败路上的一切，其中最糟糕的莫过以健康、智力、年龄和运气等为借口。越是成功的人，越不会自怨自艾，怨天尤人。而那些停滞不前的人却总是抱怨时运的不好、社会的不公、世态的炎凉。

研究成功者的生活，你将发现，所有通常人所找的借口，在这些成功者的生活中荡然无存。每一位获得极大成功的企业家、军事家以及其他领域里的专家和领袖，都可找出一个或更多的借口来怨天尤人、停滞不前。罗斯福可以因他的毫无生命力的双腿而沮丧；杜鲁门可说他该受高等教育；肯尼迪能发现"作为一名总统，我实在太年轻了"；艾森豪威尔亦可因其心脏不好而毫无建树，但是他们没有这样。

如果我们以积极、快乐的言论告诉自己，并努力试着向这样的方向去

做，我们会逐步摆脱沮丧的困境，成为一名成功者。

不要让自己长久地囿于沮丧之中，那只会让你做出一些加重自己沮丧感的行为，就像一名罪犯所说："反正我会因为从前的罪行而坐牢，所以多犯几次罪也无妨。"你不要总是让过去的事情及远去的感觉拖着你一步步走向绝望的边缘，你所受的痛苦使你以自己的方式去解释过去的事从而作用于你的心灵。

要主动地控制你的行为，使你沮丧的不是已经发生过的事，而是你自己，是你对过去种种挫折的看法。挫折使你沮丧，沮丧使你降低对自己的自我评价，于是你天性中的许多潜能因此而大打折扣，无法充分显现出来。事实上，你不必把指责之箭对准自己，学会原谅自己，原谅他人，否则只会伤害自己。永远地埋葬过去，而不必沉湎于过去的挫折。失败的经验会成为一个人重新获得成功的筹码，但失败的自责只会让人一事无成。

生活对待每个人都是公平的。人人都有本难念的经，你的痛苦与愧疚会令你难过。他的痛苦和愧疚同样也令他难过。其中受伤害的程度并没有大小之分。也许你觉得沮丧，但你一样可以活下去。

一位成功人士这样说道："悲伤有两种，当一个人不断地回想所遭遇的不幸，当他畏缩在角落里对援助感到失望时，那是一种不好的悲伤；另外一种是真诚的悲伤，出现于当一个人的房子被付诸一炬，他感到内心深处的需要时，于是开始重新建房子的时候。"

别让沮丧抓住你，即使落入井中，还有满天星光做伴。

我们一再强调你对于挫折所抱持的心态，不知你发现没有，你是否能够掌握积极、快乐的心情对你的成功具有决定性的影响，你可以把挫折看成一种"失"，但你也可以把它看成是一次"得"的机会。

第八章
从失败那里挖到金矿

当我们遇到一些挫折时,心里一定会很矛盾,我们会面对到底要不要继续做下去的困扰。在这种情况下,最好是抛开埋怨与沮丧,放手去干,这样,离成功就不会太远。

这真是一个有意思的现象,研究富人,你将发现,所有常人所找的借口,在这些人的生活中却荡然无存。

大师金言

如果不辞辛苦,拿出勇气,就一定能够转危为安。这时节假如撇下船舵,像胆小的儿童一般,眼泪汪汪地把泪水洒进海水,那就只会增添水势。

——英国戏剧大师莎士比亚

03 事业的成败就掌握在自己的手中

如果你身处逆境之中，并不停地抱怨命运，认为生活亏欠了你，认为自己是世界上最不幸的人，那么，你已陷入了消极情绪的泥潭。

消极情绪是可以理解的，却是不健康的，它是自尊、自爱、自励、自信的对立面。消极情绪不利于人的振作，是人冲出逆境的绊脚石，甚至可以说，它就像一剂慢性毒药，侵蚀你的勇气、力量和时间。任其发展下去，将使人失去一切。如果你还想有所作为的话，就必须扔掉消极情绪的抹泪布。

当年，法国大文豪维克多·雨果被当权者驱逐出境，同时又被病魔缠身的时候，他流落到了英吉利海峡的泽西岛上。他每天都久久地坐在俯瞰海港的一张长椅上，凝视落日，陷入冥思苦想之中。然后，他总是缓缓地却不乏坚定地站起来，在地上捡起一堆石头，一块块地掷向大海。掷完了，就带着满足和开阔的心情离去。

第八章
从失败那里挖到金矿

他天天如此,终于引起了人们的注意。一天,一个大胆的孩子走上前来问他:"为什么你要来这里,向海里扔这么多的石头?"雨果沉默了一会儿,然后严肃地说:"孩子,我扔到海里的不是石头,我扔掉的是'消极'。"雨果终于没有让那无益的消极情绪夺去自己的斗志,他最终战胜了逆境,他以他的伟大著作流芳百世。

仔细想想,我们今日的处境难道比雨果还糟糕吗?如果我们总觉得周围一片黑暗,那会不会是因为我们背对着太阳,自己把光线挡住了呢?那么,不妨转过身来,面向光明,然后,像扔掉石头那样,扔掉那消极的抹泪布。这样,你就能睁开昔日泪水模糊的眼睛发现生活中的美,然后去适应它;你也就能腾出手来披荆斩棘,开拓前行的道路。

多年前,一位小杂货店的主人陷入了一种困境。因为他辛辛苦苦得来的一些生意上的客户都纷纷离他而去了。他的一个竞争对手进了一大批糖,他的卖价比这家小杂货店的进价还要低。他的客户们自然都到他对手那里去买糖了,而且自然而然地,别的东西也就顺便在那里买了。

可以预料，他的小店会一天天地冷落下去，他的客户都会跑到他的竞争者那里去。可是那又有什么办法呢？买东西时避高就低是人之常情。不过他知道一定要想点办法才行。无奈之下，他跑到一个朋友那里去讨计策，这位朋友是安吉拉信托储蓄银行的总经理斯腾。

斯腾说："我告诉你该如何做，你仍旧回到你店里去，像以前一样照常做生意——不过最先不要说到糖上面来。等别人把所要的东西都买好了，准备要走的时候，你就说：'某某太太，我想现在正是做果酱的好时候，你一定要买些糖吧？勃兰克的店里最近进了一大批糖，价格非常便宜——比我买进来的价钱还低呢。如果你要糖的话，我可以代你去买一些来。'"

过了三四天，这位商人带着笑脸来找到斯腾说："佛兰克，你的计策真好，我差不多把他们的糖都卖完了。他们没有夺走我哪怕是一个客户，因为我替这些客户们省了不少麻烦，他们不必亲自进城去买糖了。这些客户们还因此而感谢我呢。"

事业的成败掌握在自己手中，这是很寻常的事情。只有那些真正有作为的人，才能将"消极"二字改成"动力"，从而利用它成就自己的梦想。

人的思维速度极快，一些想法会很快引发另一些想法。当我们的思维方式消极时，它会给我们带来消极情绪。例如，让我们观察一下，当朋友或恋人没打电话来时，你的情绪是如何一步一步滑向消极的。你的情绪过程如下：

他没有打电话。

这是因为他有更好或更有趣的事情要做。

第八章
从失败那里挖到金矿

如果他在乎我，他早就打电话过来了。

因此，他并不真的在乎我。

我似乎永远无法找到在乎我的人。

我是怎么了？

或许我非常没有吸引力，令人厌烦。

我永远不可能与人建立一种天长地久的亲密关系。

我将永远被抛弃。

生命完全是空虚无意义的。

这种思维进程如此之快，以至于我们几乎无法意识到。我们不仅因他人未打电话而失望、气愤，还会感到绝望。因为我们的思维使我们得出这样的结论：我是个令人讨厌的人，没有人关心我，我将遭到所有人的抛弃。当我们陷入消极的时候，常会出现上述快速的思维程式。我们的观念会将我们带入更坏的可能中。而这一切发生得又是如此迅速——有时甚至在几秒之中。

思维的恶性发展，是消极的体现，而且它会导致恶性循环。例如，绝望时，你会想放弃，不想做任何事。而一旦你没有完成任何突破，就会认为自己无用，而这种自身无价值感便会使我们更加绝望。

思维陷入这种恶性循环，才是我们自身的可怕绝境，所以一定要设法摆脱。我们要用积极表现鼓励自己，欣赏自己的努力，而不必过于在意结果。要一再告诫自己：尽管现在我还没有突破，但这并不等于我是个没有用的人，只是我的付出还不够，因此我需要更积极地努力，我要掌握自己的命运。

"一步一步往前走吧"，这就是由消极变主动的含义，这意味着一直坚持下去，变消极为主动，直到问题解决为止。

然而，许多人长年累月地生活在消极的阴影中，这对任何人而言都是无益的。消极的人都不免为消极的氛围所侵害和笼罩。或许，以往的某些欢乐与美好已永世不会再有，但我们何不让自己为曾经拥有的快乐回忆感恩？不要因为自己得不到那些快乐，而使自己和周围的人一同遭不幸。

你若常常情绪不宁，心神颓丧，你若习惯于遇事懊恼、抱怨，如此再念念不忘，你就永远得不到片刻的安宁和自由，你也就没有动力去追求你的事业了。凡是尝到苦头的人，应该多想想开心的往事，比如，曾在艺术领域或大自然里所见的美丽事物，阅读一些使人奋发向上的书籍。这样，你的所有的郁闷都会逐渐消散，拨开乌云见晴天是多么美好。阳光替代阴暗，喜乐替代忧愁是多么令人喜悦。威格斯夫人说："要想获得快乐的办法就是，当你觉得不开心时，你就开口大笑；当你头痛得要命时，你就想想别人还有更多困扰。当乌云密布不见阳光时，你就告诉自己：太阳依然在发着光芒。"

有一个聪明、快乐的女子，她本是很容易灰心消极、神情沮丧的，但只要她一感觉到有这样的情绪到来时，她就强迫自己唱一首欢快向上的歌，或弹一首轻快流畅的曲子。只要新思想比老思想更为有力，相反的情绪所产生的威力是足以排除一切的。

拉特福德曾说："治疗怠惰的唯一法则就是工作；治疗信仰的唯一法则就是舍弃猜疑，听从基督的吩咐；治疗怯懦的唯一法则就是在打击未来之前，不顾一切地投入到某项冒险的工作中去。"同样，治疗人们的心情不佳，就用所有好的情绪去健全他的心灵，当然这需要有坚强的意志力。

《神秘》杂志的一位著名作家说："种种的困难麻烦最害怕的就是：

第八章
从失败那里挖到金矿

我们不去理睬它们还嘲弄它们。当我们想摆脱它们，并有了其他更大兴趣而遗忘它们的时候，或者，在我们心里对它们的地位不以为然时，它们就会迅速地抱头鼠窜而去，不再出现。"

在我们能控制消极情绪之前，总无法进入最佳的工作状态。只要是受到情绪支配，就算不上是一个自由人。只有自力振奋的人，才是真正的自由人，才能掌握自己事业和人生的方向。

如果一个人总是抱怨事事均不如意，抱怨生意难做、健康状况不好、贫困，就很容易把一切具有破坏性的消极影响都吸引到自己身上，进而毁灭了自己的进取心。

如果一个人想拥有完美的身材，迷人的个性，但在他的脑海中，却萦绕着丑陋的形象，他就会自觉面目可憎。如果想成为美丽的人，就必须在自己的脑中，坚决地把握住完美的理想，并且设法使自己去达到那样的理想；于是，不仅仅在形体上，而且在道德的本性上，就自然会来与这种效力相呼应，最终日趋完美。

假使一个人对自己的能力丧失了信心，而认为机会只属于别人而不属于自己，他怎么会奋发努力呢？当他有了失败的思想时，他就无法坚决地努力把自己从不好的环境中解放出来，他不认为自己能够排除包围在四周的障碍。他找不到恢复自信与自尊的立足点。所以，他能想到的只有贫困，只能固守贫困，然后再愤恨地说：自己为什么如此不幸？

多少人在自己设置的不幸中苟延残喘，勉强地过着疲乏的日子，他们心中有着病态的思想，根深蒂固的病态意识，甚至会造成他们体格上的不健全。譬如说，你自觉已遗传有若干可怕的疾病因子，好比毒瘤之类，你的医师告诉你，在40岁以后这病症若无法消失，就可能会表现出来了。于是，你便一直等待着，等候这疾病的症候，那么，最后的结果，可能是一个平常的疼痛，竟成为可怕的毒瘤。

曾经有一个小药店的店主，寻找了许多年，一直想找一个能干一番大事业的机会。他恨自己的小药店，每天早晨一起来，他就希望自己今天能够得到一个好机会。然而，好长时间过去了，机会并没有出现。他郁闷极了，动不动就跑到花园里去散心，而任凭他的药店独自飘摇。

在现实生活中，我们中间的大多数人都不免有点像这个店主。我们看见别人的成功便在无形中生起嫉妒，在这种嫉妒之余，我们常常还会妄自菲薄，总以为别人的工作才是最好的，而自己总是看不到什么希望。我们总是把别人的成功归之于运气好，于是，我们也梦想着那好运能早一天降临到自己的头上。

后来，这个药店的店主战胜了自己这种消极的态度，而他接下来的所作所为，我们可以将其视为榜样。他是怎么做的呢？他的办法其实很简单：无论什么人，不管他们的地位是高还是低，他都主动地去和他们接触。

有一天，他这样问自己："我为什么一定要把自己的希望、自己未来的奋斗目标寄托在那些自己一无所知的行业上呢？为什么不能在自己现在相对熟悉的医药行业干出一番大事业来呢？"

于是，他下定决心摆脱自己以前的那种怨天尤人的心态，从自己的药店做起。他把自己的这一事业当作一种极为有趣的游戏，以此来促进他生意的发展。他让自己用那种发自内心的热情告诉别人，他是如何尽量提高服务质量使顾客满意，他对药店这一行业有多么热爱。

结果怎样呢？他以自己热诚的有特色的服务赢得了大批忠诚的顾客，使得他的小药店生意兴隆，他的分店几乎在全国遍地开花，以前所未有的速度迅速地占领了美国医药业的零售市场。在当时的美国医药业中，他的公司拥有的分店数量及其规模占全国第二。

查尔斯·瓦格林的医药事业之所以能够成功，有一个小小的秘诀，那就是：如果你能抛弃一切消极的思想，积极投身到工作中去，机会不久便会站在你的门口。关键是，你要把命运之线掌握在自己的手中。

大师金言

上帝是公平的，掌握命运的人永远站在天平的两端，被命运掌握的人仅仅明白上帝赐给他命运！

——英国戏剧大师莎士比亚

04 成功的字典里没有"放弃"二字

两只青蛙掉进一个很深的乳酪碗里。其中一只满怀信心,而另一只则很悲观。"我们就快被淹死了。"它只是感到十分悲伤,不想再做过多的挣扎了,最后失声痛哭起来,连四肢也懒得甩了,说了一声:"永别了。"

而另一只青蛙一脸轻松地说:"我出不去,但我不会放弃,我会一直游下去直到用完全身的力气,然后我会满足地死去。"接着,它便勇敢地按自己的想法去做,它开始用尽全力搅动乳酪。

它不断地游动,摆动着双腿,越来越多的乳酪变成了黄油。最后,它停在了凝固的黄油表面上,纵身一跃便欢快地跳出了那个碗。

未来有两种前景——一种是畏畏缩缩的,一种是充满理想的。上帝赋予人自由的意志,让它可以自行选择。你的未来就看你的了,坚持下去,

第八章
从失败那里挖到金矿

你就会成功；放弃了，你就失去了机会。

人人都会遇到失败。发明大王爱迪生曾长期埋头于一项发明。一位年轻记者问他："爱迪生先生，你目前的发明曾失败过一万次，你对此有何感想？"爱迪生回答："年轻人，因为你人生的旅程才起步，所以我告诉你一个对你的未来很有帮助的启示。我并没有失败过一万次，只是发现了一万种行不通的方法。"

有些人一旦失败，就放弃了。其实，失败不过是一种状态。它不应该打垮你。在心理学上，失败是指一个人在从事有目的的活动时，在环境中遇到种种致使其动机不能获得满足的障碍和干扰，从而产生的一种复杂的情绪状态。失败使人产生或轻或重的挫折感，这种消极的情绪状态，有人称之为"心理停滞状态"。这种状态，有时会造成非常严重的甚至不可挽回的后果。而造成这种严重后果的途径之一就是放弃。当然，放弃必然导致彻底的失败。

在失败时，如果你使用的方法不能奏效，那就改用另一种方法来解决问题。如果新的方法仍然行不通，那么再换另外一种方法，直到你找到解决眼前问题的钥匙为止。方法总比问题多，任何问题总有一个解决的钥匙，只要继续不断地、用心地循着正道去寻找，你一定会找到这把钥匙。

皮鲁克斯先生曾接到一封很鼓舞人的信，写信的人就成功地运用了这个原则。写信人说，几年以前他研究出一种供活动房屋用的预制墙壁系统，他组建了一家公司，把他所有的钱都投资进去。但是这种墙壁却不够坚固，一经移动就垮了。公司由此遭遇到一连串的困难，他的合伙人要求他"卖掉公司"，但是他并没有放弃。

他是个有积极想法的人，具有牢不可破的信心，也可以说他有打不倒的性格。他认为这一类的困难打不垮他,他说:"我压根儿就没想到'放弃'这两个字。"因此,他用心做合理的、深入的思考,终于想出了办法。他决定设计出一套预制板系统,来配合他的预制墙壁系统。最后他成功了,一家制造活动房子的大公司买下了他的设计。他这样总结自己的经验:"轻易放弃总嫌太早了。"

古希腊有一位杰出的雄辩家德谟斯梯尼,从小口吃,又因为口吃而胆怯害羞。他的父亲为他留下一块土地,想使他生活更加富裕。但当时希腊的法律规定,他必须在声明土地所有权之前,先在公开的辩论中战胜所有的人才行。

口吃加上害羞,使他遭到惨败,丧失了那块土地。从此,他发奋练习

第八章
从失败那里挖到金矿

演讲，结果他创造了人类空前未有的演讲高潮。

所以，不管你跌倒多少次，只要再起来，你就不会被击垮。失败了，继续坚持，继续努力，你终究会成功。

歌德有一句话："不苟且地坚持下去，严厉地驱策自己继续下去。就是我们之中最微小的人这样去做，也很少不会达到目标。因为坚持的无声力量会随着时间而增长到没有人能抗拒的程度。"

"每一个问题都蕴含着解决的种子。"这句了不起的话是美国一位杰出的思想家史坦利·阿诺德说的。他强调了一项重要的事实，就是每一个问题内部都自有解决之道。

只要我们还活在这世上，就难免会遇到挫折，甚至在最平常的日常生活中，都会遭遇各种各样的挫折，有的挫折是短暂的，有的却是长时间的；有的比较严重，有的则较轻微。人们遇到挫折时的反应也各不相同。有的人会向挫折挑战，百折不挠地去克服挫折。另一些人却往往萎靡不振，甚至精神崩溃。

不同的态度，不同的反应，能忍受挫折的打击，具备良好的适应能力，以保持正常的心理活动，这是心理健康的标志，也是成大事者所必须具备的重要心理素质之一。

挫折不等于失败。失败尚且有可能转化为成功，何况随处随时都可能发生的那些一时一事的挫折呢？

著名激励学大师拿破仑·希尔曾经这样解释失败与挫折："这里，先让我们说明'失败'与'暂时挫折'之间的差别。且让我们看看，那种经常被视为'失败'的事是否实际上只不过是暂时性的挫折而已。"

有时候，我们甚至认为，这种暂时性的挫折实际上是一种幸运，因为它会使我们振作起来，调整我们的努力方向，使我们向着不同的但却是更正确或者更美好的方向前进。

假如一个人能够具备正确的挫折观，那么，挫折不仅不是坏事，而且还可以成为一种积极的心理动力。它可以增长一个人解决问题的能力，引导一个人以更好的方法或更好的途径去实现目标。

正是挫折激发起一个人向自己挑战的勇气。这种向自己挑战的内在冲动一旦化为行动，世界上任何挫折都不能使你屈服。

成功学大师奥里森·马登对年轻人这样说道："我们的身边有许多人不知道自己到底能做什么，只会羡慕别人的成功。还有一些人是知道自己该做什么，但就是做不好。这些人都共同存在一个问题，那就是他们还没有找到自己身上真正的力量。"因此，挫败会像恶魔一样缠绕在你身边，引起你的恐慌。但是，对挫败存有一种恐慌心理是没有用的，对于那些成功的富人而言，所有的挫败都不是恐怖地带，而战胜挫败才是在展现自己真正的力量。

除非遭到巨大的挫败和刺激，人类有几种本性是永远不会显露出来、永远不会爆发的。这种神秘的力量深藏在人体的最深层，非一般的刺激所能激发，但是每当人们受了讥讽、凌辱、欺侮以后，便会产生一种新的力量来，一旦这种力量发挥出来，就能做从前所不能做的事。

拿破仑是一代战神、政治家、伟人，他的一生是一个征战、胜利、失败、崛起、再失败的过程。如果他在年轻时没有遇到什么窘迫、绝望，那么他决不会如此多谋、如此镇定、如此刚勇。巨大的危机和事变，往往是成就许多伟大人物的机遇。他敢于向一切不满意的事物挑战，在挑战中改变自己的命运，改变自己的世界。越是险恶的环境，越能使成大事者有所

第八章
从失败那里挖到金矿

表现。

只有成大事者,才能在磨难和挫折中生存下去,才有勇气去迎接困难的挑战,才有毅力去战胜逆境和成就新的辉煌。

"菲亚特"历经90年的发展,历尽艰辛坎坷,菲亚特从小到大,从国内到国际,靠的就是这种坚忍不拔的精神。

菲亚特的创始人老阿涅利在都灵办厂时,许多大名鼎鼎的经济学家嘲笑他,说什么"汽车只是少数贵族人家的奢侈品,没有前途",但老阿涅利却毫不动摇,坚持办厂。

如今,有2000多万辆"菲亚特"汽车在亚平宁半岛上奔驰,更多的车辆行驶在世界的各个角落,事实证明了老阿涅利的远见。乔瓦尼·阿涅利在继承了家业的同时,也承袭了他祖父这种坚忍不拔的奋斗精神。20世纪

70年代初期，西方爆发了能源危机，汽车工业更是首当其冲。阿涅利在严峻的现实面前探索道路，勇于开拓，针对能源短缺，绞尽脑汁研制低耗油车；针对市场萎缩，千方百计降低生产成本，最终，菲亚特以极具竞争力的价格战胜了对手。

当阿尔法·罗密欧汽车公司病入膏肓时，福特汽车公司准备全部购买，乘机入侵意大利市场。是"引狼入室"还是"拒狼于门外"，对阿涅利来说，答案非常明确。就在福特与有关方面即将达成协议的关键时刻，阿涅利抛出了一套全面拯救阿尔法·罗密欧汽车公司的计划，此举顿时轰动了欧美。那一年，菲亚特汽车部门的营业额只有73亿美元，而福特高达527.7亿美元。"小兔碰大象""癞蛤蟆想吃天鹅肉"等醒目标题纷纷出现在欧美报刊上。但是，一旦决心下定，阿涅利不顾讽刺挖苦，毫不动摇。后来，在意大利政界、各派势力的支持下，阿涅利终于战胜了强敌，扩大了"帝国"的版图。阿涅利这种坚忍不拔的创业精神，使菲亚特发展成为经营范围多达15个，"海陆空"各种产品领域都有涉足，营业额高达293.8亿美元，约相当于意大利国内生产总值4%，成为在欧美闻名遐迩的大公司。

不要因失败而变成懦夫。而应像阿涅利那样，面对失败，面对挫折，奋勇向前。当你尽了最大的努力还是没有成功时，不要放弃，只要开始另一个计划就行了。失败很难使人坚持下去，而成功就容易继续下去。如果工作比你想象的还难，请记住：你无法在天鹅绒上磨利剃刀，你也无法用汤匙喂一个人，而使他获得锻炼。

美国柯立芝总统曾写道："世界上没有一样东西可以取代毅力，才干也不可以，怀才不遇者比比皆是，一事无成的天才很普遍；教育也不可以，世上充满了学无所用的人。只有毅力和决心无往而不胜。"

第八章
从失败那里挖到金矿

大师金言

伟大高贵的人物最明显的标志，就是他坚定的意志，不管环境变化到何种地步，他的初衷与希望仍然不会有丝毫的改变，而终至克服障碍，以达到所企望的目的。

——美国思想家爱默生

第九章
钱是好东西，懂得珍惜更要善于施舍

　　人们总想着钱越多越好，可是钱再多，也只能是一天吃三顿饭，睡一张床，人死了，金银财宝也不能带进棺材。从需要的角度，有很多的钱财是多余的，但还是要追求"钱生钱"，并且用钱去帮助别人，也许你的一个帮助就会改变别人的一生。

01 把储蓄当作
　　一种习惯

　　对所有的人来说，存钱是致富的基本条件之一，但是在那些未曾存钱者的心目中，最迫切的一个大问题则是："我要怎样做才能存钱？"

　　存钱纯粹是习惯的问题。人经由习惯的法则，塑造了自己的个性，这个说法是很正确的。任何行为在重复做过几次之后，就变成一种习惯。而人的意志也只不过是从我们的日常习惯中成长出来的一种推动力量。

　　一种习惯一旦在头脑中形成之后，这个习惯就会自动驱使一个人采取行动。例如，如果遵循你每天上班或经常前往的某处地点的固定路线，过不了多久，这个习惯就会养成，不用你动脑筋去思考，你的头脑自然会引你走上这条路线。更有趣的是，即使你在动身之初是想前往另一方向，但是如果你不提醒自己改变路线的话，那么，你将会发现自己不知不觉地又走上原来的路线了。

　　养成储蓄的习惯，并不表示它将会限制你的赚钱能力。正好相反——

第九章
钱是好东西，懂得珍惜更要善于施舍

你在应用这项法则后，不仅将把你所赚的钱有系统地保存下来，还能够增强你的观察力、自信心、想象力、进取心及领导才能，真正增进你的赚钱能力。

债务是位无情的主人。光是贫穷本身就足以毁掉进取心，破坏自信心，毁掉希望，但如果再在贫穷之上加上债务，那么，成为这两位残酷无情监工的奴隶的人，注定要度过不快乐的人生。

只要头上顶着沉重的债务，就无法保持一份自由。比如，你贷款买了一套房子，为了每月几千元的房贷，你不敢辞职，不敢创业，甚至每天都在提心吊胆，生怕哪下自己做错了事，被老板炒了鱿鱼。你也不敢带着全家出去旅游，尽管，一直以来你都在计划着带着自己的妻儿老小其乐融融地饱览大好山河。因为"房奴"，你又成了工作的奴隶。

很多年轻人在结婚之初就负担了不必要的债务，而且，他们从来不曾想到要设法摆脱这种负担。

在婚姻的新奇味道开始消退之后，小夫妇们将开始感受到物质匮乏的压力，这种感觉不断扩大，经常导致夫妻彼此公开相互指责，最后终于走到了婚姻的尽头。

一个被债务缠身的人，一定没有时间，也没有心情去创造或实现理想，结果是随着时间的流逝，逐渐在自己的意识里对自己作了种种的限制，使自己被包围在恐惧与怀疑的高墙之中，永远逃不出去。

"想想看，你自己及家人是否欠了别人什么，然后下定决心不欠任何人的债。"这是一位成功人士所提出的忠告，因为他早期有很多很好的机会，结果都被债务所断送了。后来，这个人很快地觉醒过来，改掉了乱买东西的坏习惯，最后终于摆脱了债务的控制。

大多数已经养成债务习惯的人，将不会如此幸运地及时清醒及时挽救自己，因为债务就像泥浆，能够把它的受害者一步一步地拉进沼泽。一个人要是负了债，而又想要克服对贫穷的恐惧，那么他必须采取两项十分明确的步骤：第一，停止借钱购物的习惯；第二，立即逐步还清所有的债务。

在没有了债务的忧虑之后，你就可以改变你的意识习惯，把你的努力路线重新引向成功之路。把你的收入按固定比例存起来，即使只是每月存上几百块钱也可以，同时，还要把它当作你主要目标中的一部分。很快的，这个习惯将控制住你的意识，储蓄将带给你意想不到的收获。

我们提倡"透支"的习惯必须以"储蓄"的习惯加以取代，以便取得财物上的独立。这一次美国次贷危机，又一次证明了先花后挣理论不过是个美丽的借口。一定要记着，不管到什么时候，都一定要想着给自己留点家底，以备万一。

如果你决心获得经济上的独立地位，那么，在你克服了对贫穷的恐惧

第九章
钱是好东西，懂得珍惜更要善于施舍

感，并在它的位置上发展出储蓄的习惯之后，要想积聚一大笔金钱，并非难事。积水成河的道理我们都懂得，把少量的钱一点一点地积攒起来，如果有一天你碰到了好机会，用于投资，也许你就会获得意想不到的利润。我们更懂得，对天才来说，他所拥有的天分可以为他提供许多好处。但事实上，天才若没有钱把自己的天分表现出来，那么，天才只不过是一种空洞虚无的荣誉而已。

爱迪生是世界上最著名及最受尊敬的一位发明家，但是，我们可以这样说，如果他不养成节俭的习惯，并且表现出他存钱的高超能力，那么，他可能永远是位默默无闻的小人物，任何人都不会去注意到他。因为没有钱，他将不能将它的发明变成实物，以造福于人类。

一个人想要成功，储蓄存款是很有帮助的。如果没有存款，有两种坏处：

第一，他将无法获得那些只有手边有现款的人才能获得的那种机会；第二，在遇到急需现款的紧急情况时，将无法应付。

几乎所有的财富，不管是大是小，它的真正起点就是养成储蓄的习惯。

把这个基本原则稳固地建立在你的意志中，那么，你将走上经济独立之途。

生命中最重要的就是"自由"。如果没有一定程度的经济独立，一个人就不可能获得真正的自由。这是一件相当可怕的事。他被迫待在一个固定的地点，从事一件固定的工作，每周、每天要做上好几个小时，甚至要做上一辈子。从某些方面来说，这等于是被关在监牢里，因为一个人的行动已经受到限制。"房奴"、"卡奴"，各种各样的"奴"，怎么会让人开心地面对生活呢？

要想逃避这种自由被剥夺的无期徒刑，唯一的方法就是养成储蓄的习惯。然后永远保持这个习惯，哪怕你要做出一些牺牲。

大师金言

凡事总要动脑筋，说到理财，到处都是财源。

——清代商人胡雪岩

第九章
钱是好东西，懂得珍惜更要善于施舍

02 真正的富人
　　懂得谦卑为怀

　　有些人积累一点财富便狂傲起来。这种人即便拥有财富，财富也不会常伴左右。真正的有修养的富人善于利用财富，同时淡薄功名。比如李嘉诚，他以谦虚为怀，克制功利，奉献社会，成为一代儒商，令人尊敬。

　　在日常生活中，李嘉诚一直是个严于律己、品德高尚的领导者，他的良好品质赢得了海内外广泛的赞誉。舆论一直认为，李嘉诚是个鱼和熊掌兼而得之的非凡之士。他控有香港最大的综合性财团，多年荣膺香港首富乃至世界华人首富。他同时又是个道德至上者，他说的每句话，莫不符合道德规范，堪称道德圣典。他既是这般说，也是这般去追求，谨慎小心，唯恐有什么闪失。

　　西方商界多推崇社会达尔文主义——优胜劣汰，弱肉强食，适者生存。要讲道德，就勿涉足尔虞我诈的商场；要追求利润，击败对手，就要不择手段。在他们看来，既要拜金，就没有资格谈道德、谈仁慈、谈友谊。信誉不是做人的目的，仅仅是经商的手段，是为了下一单生意，为了更多的盈利。

对此，李嘉诚有不同的看法，他说："一个人生活其实很简单，需要的钱不是很多的，最近国内有人问我一共捐出了多少钱，我一向没统计，结果用了三四个星期去查支票本，结果发现总共捐了22亿港元给香港和内地，可能没人信。"

李嘉诚捐赠，不论款多款少，往往会对公众或传媒说一席爱国爱港、利国利民的话，感人肺腑，催人泪下。有人说他沽名钓誉，抑或是最终是为其商业利益。对李嘉诚捐赠，知情人士说：

"李先生捐款与别人不一样，他的捐赠是真正发自内心的。"

"李先生不是那种捐出100万、200万，只要有自己的名字就可以的人，他是真心实意去解决这些问题……"

"李先生的捐款与别人完全不一样，他的不一样在于别人在捐出款项以后，所考虑的和关心的仅仅是其善举为不为社会所知。而李先生考虑的是捐出款项之后，是否解决了问题。"

在潮汕，李嘉诚所捐赠修建的各种建筑物，均拒绝以他本人和亲人的名字命名。他在汕头大学，不是扔下一亿两亿了事，连教学安排、图书资料、师生食宿等细微问题，他都要一一关照到，并勉力解决。要知道，李嘉诚的一天时间，价值几百万，乃至几千万。谁也计算不清，他在汕头大学耗费了多少时间与精力。

李嘉诚自言："我喜欢看书，现代的、古代的都看，时时看到深夜两三点钟，看完就去睡觉，不敢看钟，因为如果只剩下两三个钟头，心就会很怯。"他有感而发："在看苏东坡的故事后，就知道什么叫无故受伤

第九章
钱是好东西，懂得珍惜更要善于施舍

害。苏东坡没有野心，但就是给人陷害，他弟弟说得对：'我哥哥错在名，错在高调。'这个真是很无奈的过失。"

李嘉诚为人谦虚谨慎，毫无风头意识，尽可能保持低调，但他又做不了彻底的隐士。他不是一架赚钱机器，有情感、有理想、有信念。他清清白白地赚钱，清清白白地做人，也善意地希望社会上的人都这样。因此，他在公众与记者面前，会自觉不自觉地宣传他的人生观、价值观。

李嘉诚是一个具有刚毅性格的男子汉，无论外界如何评议他，他一如既往按照他内心所认定的目标去奋斗拼搏，去为人处世。尽管市场总会传出不利他的传言，却无损他的良好声誉，也正因为如此，证实他的声誉不是炒出来的，而经得住考验。

"自我管理"对于一个商人来说，永远是一门重要的必修课，因为其中包含着一个商人成功的要诀。

李嘉诚曾经给自己规划日常管理的8个要点是：

（1）勤奋是一切事业的基础。要勤劳工作，对企业负责、对股东负责。

（2）对自己要节俭，对他人则要慷慨。处理一切事情以他人利益为出发点。

（3）始终保持创新意识，用自己的眼光注视世界，而不随波逐流。

（4）坚守诺言，建立良好的信誉，一个人良好的信誉，是走向成功的不可缺少的前提条件。

（5）决策任何一件事情的时候，应开阔胸襟、统筹全局。一旦决策之后，则要义无反顾，始终贯彻一个决定。

（6）给下属树立高效率的榜样。集中讨论具体事情之前，应预早几天通知有关人员准备资料，以便对答时精简确当，从而提高工作效率。

（7）政策的实施要沉稳持重。在企业内部打下一个良好的基础，注重培养企业管理人员的应变能力。决定一件事情之前，想好一切应变办法，而不去冒险盲进。

（8）要了解下属的希望。除了生活，应给予员工好的前途。并且，一切以员工的利益为重，特别在年老的时候，公司应该给予员工绝对的保障，从而使员工对集团有归属感，以增强企业的凝聚力。

一个不能管理自己的人，肯定是无所大作为，要想成为真正的富人也无可能。假若真正成为富人，也一定要懂得管理自己，切不可因为占有财

第九章
钱是好东西，懂得珍惜更要善于施舍

富而忘乎所以，甚至忘记做人的准则，善待他人，谦虚待人，这是富人应该修炼的美好品性。

大师金言

不要把所有鸡蛋放在同一个篮子里，这种做法是错误的，投资应该像马克·吐温建议的，"把所有鸡蛋放在同一个篮子里，然后小心地看好它"。

——美国投资大师沃伦·巴菲特

03 用别人的钱 做更多的事

"商业？这是十分简单的事。它就是借用别人的资金！"小仲马在他的剧本《金钱问题》中这样说。是的，商业是那样的简单：借用他人的资金来达到自己的目标。这是一条致富之路。

现代社会，各种各样的融资、贷款，已经让我们领略了"借钱生钱"的奥妙。

借用"他人资金"的前提条件是：你的行动要合乎最基本的道德标准——诚实、正直和守信用。你要把这些道德标准应用到你的各项事业中去。不诚实的人是不会得到信任的。

"借用他人资金"必须按期偿还全部借款和利息。缺乏信用是个人、团体乃至国家导致失败的一个重要因素。因此，请你听从明智而成功的本杰明·富兰克林的忠告。

富兰克林在1748年写了一本书，名为《对青年商人的忠告》。这本书

第九章
钱是好东西，懂得珍惜更要善于施舍

讨论到"借用他人资金"的问题：

"记住：金钱有生产和再生产的性质。金钱可以生产金钱，而它的产物又能生产更多的金钱。"

富兰克林又说："记住，每年6镑，就每天来说，不过是一个微小的数额。就这个微小的数额说来，它每天都可以在不知不觉的遭遇中被浪费掉，一个有信用的人，可以自行担保，把它不断地积累到100镑，并真正当作100镑使用。"

富兰克林的这个忠告在今天同样具有价值。你可以按照他的忠告，从几分钱开始，不断地积累到500元，甚至积累到几万元。希尔顿就这样做到了。他是一个讲信用的人。

希尔顿旅馆过去靠数百万美元的信贷，在一些大机场附近为旅客建造了一些附有停车场的豪华旅社。这个公司的担保物主要是希尔顿经营诚实的名声。

诚实是一种美德，人们从来也未能找到令人满意的词来代替它。诚实比人的其他品质更能深刻地表达他的内心。诚实或不诚实，会自然而然地体现在一个人的言行甚至脸上，以致最漫不经心的观察者也能立即感觉到。不诚实的人，在他说话的每个语调中，在他面部的表情上，在他谈话的性质和倾向中，或者在他的待人接物中，都会显露出他的弱点。

诚实、正直、守信用和成功在事业中是交错在一起的，一个人具备了其中的第一种——诚实，就一定能在他前进的道路上获得其余三种。

银行的主要业务就是贷款。借给诚实人的钱愈多，银行赚的钱也愈多。商业银行发放贷款的目的是为了发展商业，从某种程度上说，银行给予的贷款使你的成功提前到来了。所以，要珍惜银行给予的帮助，把银行的贷款真正用对地方，而不是奢侈和浪费。

一个通情达理的人绝不会低估他所借到的一元钱或者他所得到的一位专家的忠告的价值。使用他人的资金和一项成功的计划，再加上自己积极的心态、主动精神、勇气和通情达理等成功原则，会帮助你成为一个富人。

大师金言

记住：金钱有生产和再生产的性质。金钱可以生产金钱，而它

第九章
钱是好东西，懂得珍惜更要善于施舍

的产物又能生产更多的金钱。

——美国思想家、政治家富兰克林

04 有钱一定
   要多做善事

记得曾经看过一组漫画,漫画是由好几幅图构成的:

第一幅画的是个小孩,他很开心地把刚得到的一个硬币存到了存钱罐里。

第九章
钱是好东西，懂得珍惜更要善于施舍

第二幅，小孩子长成了年轻人，存钱罐变成了小箱子，年轻人高兴地把自己挣来的钱放进了箱子里。

第三幅，年轻人变成了中年人，小箱子变成了大箱子，中年人把自己挣来的更多的钱放进了大箱子，看着满满一大箱子钱，中年人喜上眉梢。

而第四幅呢，中年人变成了一个去世的老人，大箱子变成了个棺材，情况恰好翻了个个儿，人进了"盒子"里，钱却堆在了外边。

看完这幅画，不禁让人感慨。这幅画作于20世纪30年代，至今仍然流传，说明它所承载的道理是多么深刻，多么触动人心。正如咱老百姓常常讲的那句话一样："人不能将钱带进坟墓"。但人可以用钱做很多善事。

战国时期有著名的四大公子，孟尝君就是其中之一，他喜欢招纳各种人做门客，号称宾客三千。

门客中还有一个叫冯谖的人，常常在孟尝君家一住就是很长时间，却什么事都不做，什么话也不说。孟尝君虽然觉得很奇怪，但是好客的他还是热情招待冯谖。

不仅如此，孟尝君还对冯谖尊敬有加，命令给他准备车马，比照着可以乘车门客的待遇。冯谖就坐着孟尝君为他配备的马车，高举着长剑，去拜访他的朋友，说："孟尝君以宾客之礼待我。"

后来，孟尝君听说冯谖家里还有老母亲，就派人供给冯谖的老母亲充足的家用，不让老人有任何的生活缺憾。

有一年，孟尝君想派一个门客到自己的封地薛向百姓放贷。不料，正赶上年成不好，贷款的本息都不好收，他就想在手下这些门客中间选一人去办这事。几千个门客平时口若悬河，可一旦用到他们了，却谁都不敢出头了。这时，冯谖站出来说："我能。"

于是，冯谖坐上了孟尝君为他特意安排的车，把债券也都安顿到了车上。临行前，冯谖忽然问孟尝君："收完债务，用债款买些什么回来？"

孟尝君以一贯的贵族口吻说："看看我家缺什么，先生您就看着办吧！"

冯谖到了薛地，就让地方官把应当还债的人都叫来，核验债券借据，所有的借据都验完了以后，冯谖以主人的口吻高声宣布："孟尝君把所有的债款都赐给老百姓了。"说完，冯谖亲自点了一把火，把债券全烧了。百姓正因为无力还债而愁眉不展，见此情景，都连声称赞孟尝君，心里充满感激。

冯谖连夜赶回齐都，向孟尝君汇报。孟尝君看他这么快就回来了，高兴地问："债务全都办理完了吗？"

冯谖说："全办好了。"

孟尝君问："买了什么带回来了？"

冯谖说："我看您家里也不缺什么，只是缺少一个'义'字，所以，我私下做主给您买了'义'。"

孟尝君心里很窝火，但又不好发作。

不久，孟尝君被齐王解除了相位，不得不前往薛地定居。孟尝君的车驾离薛地还有100多里地，闻讯而来的老百姓就远道而来欢迎他了，孟尝君这才知道原来用钱买到的"义"真是无价啊，刚刚还非常失意的孟尝君满面春风地朝着欢迎他的人群致意。

许多富人对钱财看得很重。他们认为，自己辛辛苦苦创业，挣点儿钱实属不易，所以把钱攥得死死的，生怕有人找他求借。而智慧的富人却把钱财看得很淡，常常解囊相助，慷慨捐助公益事业。亚洲首富李嘉诚多年

第九章
钱是好东西，懂得珍惜更要善于施舍

来致力于公益慈善事业，已经是众所周知，我们就不再多说了。当然，还有更多的富人开始加入慈善事业。他们的这种做法很值得借鉴。

现代企业家陈光标被称为中国首善，2003年，他创办江苏黄埔再生资源利用有限公司，致力于发展循环经济、绿色经济、变废为宝。多年来，陈光标领导的江苏黄埔公司诚信做企业，守法经营，积极履行企业社会责任，变废为宝、保护环境，并积极投身社会慈善公益事业。仅2007年一年，他捐出的善款便超过1亿元。他没有向银行借贷一分钱，也从不在受赠地区进行投资。

5·12汶川地震发生后，陈光标带领120名操作手和60台大型机械组成的救援队千里救灾，救回131条生命，其中他亲自抱、背、抬出200多人，救活14人，还向地震灾区捐赠款物超过亿元。温家宝总理称赞他是"有良知、有灵魂、有道德、有感情、心系灾区的企业家"，并向他表示致敬。

最新资料统计，到2010年陈光标累计捐款已突破11亿。

作为亿万富豪，陈光标为自己一直坚持不懈的善举而感到欣慰，经过他救助的人更是无数。

一个优秀的青年，考取了梦寐以求的大学，却因为家庭困难、无法承担高昂的学费，一家人愁眉不展。这时候，陈光标及时为青年送来了学费，青年可以继续上学了。

一个绝望的中年人，因为家庭的困境，而差点走上绝路，这时候，陈光标为他伸出援助之手，帮助他解决了实际困难，并使他重新树立了对生活的信心。

……

富人陈光标、善人陈光标、企业家陈光标，陈光标的名字被越来越

多的人所熟知，他因为慈善而得到人们的尊重，自己也得到内心的安慰，也有更多的企业主动找到他，与他的公司合作，于是，他的业务不断地扩大，赚到了更多的钱，再用这更多的钱投入社会，回报社会。

　　当一个人把做善事置于金钱之上，他就有了永续辉煌的资本。一个富可敌国但冷漠无情的人注定是孤独的，他会因为自己的薄情寡义而被人抛弃。一个善良淳厚的人，一个懂得施舍的人，会得到更多的回报。在这个社会，金钱很重要，但金钱不是一切，重要的也不是钱生钱，而是以心换心。你用善事换来别人的感恩，这些对你绝对是一笔财富，说不定还会助你事业更上一层楼呢。

大师金言

　　感情有着极大的鼓舞力量，因此，它是一切道德行为的重要前提。

——前苏联教育家凯洛夫